高等职业教育"互联网+"新形态教材·人工智能技术应用专业

Python 网络爬虫

龚 卫　郭嗣鑫　主　编

王忠萌　吕　军　许富强　副主编

电子工业出版社

Publishing House of Electronics Industry

北京·BEIJING

内 容 简 介

本书围绕 Python 网络爬虫技术及相关框架，主要参照 1+X 数据采集职业技能等级要求，以学习情境方式介绍了基于静态网页的爬虫技术及相关框架，如 Requests、BeautifulSoup4、XPath、CSV 和 PyMySQL；基于动态网页的爬虫技术及框架，如 Scrapy、Selenium、JSON、PhantomJS 和 Pillow；基于 App 应用的爬虫技术与应用软件，如 Fiddler；反爬虫策略，如用 Headers 模拟浏览器，用 Cookies 记录身份信息；通过结合 Scrapy 和 Redis 提高网络爬虫的效率、安全性及数据一致性。

本书理论分析相对较少，偏重动手实践，适用于应用型本科、高职高专院校大数据技术、人工智能技术应用专业学生和希望快速进入大数据、人工智能领域的读者。

未经许可，不得以任何方式复制或抄袭本书之部分或全部内容。

版权所有，侵权必究。

图书在版编目（CIP）数据

Python 网络爬虫 / 龚卫，郭嗣鑫主编. —北京：电子工业出版社，2024.7
ISBN 978-7-121-46851-3

Ⅰ. ①P⋯　Ⅱ. ①龚⋯　②郭⋯　Ⅲ. ①软件工具—程序设计—教材　Ⅳ. ①TP311.561

中国国家版本馆 CIP 数据核字（2023）第 239518 号

责任编辑：王　花
印　　刷：天津嘉恒印务有限公司
装　　订：天津嘉恒印务有限公司
出版发行：电子工业出版社
　　　　　北京市海淀区万寿路 173 信箱　邮编：100036
开　　本：787×1092　1/16　印张：15　字数：384 千字
版　　次：2024 年 7 月第 1 版
印　　次：2024 年 7 月第 1 次印刷
定　　价：49.00 元

前　　言

　　本书系重庆工商职业学院首批国家级职业教育教师教学创新团队联合四川华迪信息技术有限公司、四川川大智胜股份有限公司编写的基于工作过程系统化的人工智能技术应用专业"活页式""工作手册式"教材之一。

　　依托数字工场和省级"双师型"教师培养培训基地，由创新团队成员和企业工程师组成教材编写团队，目的是打造高素质"双师型"教师队伍，深化职业院校教师、教材、教法"三教"改革，探索产教融合、校企"双元"有效育人模式。教材编写的初衷是让人工智能技术应用专业学生掌握人工智能核心技术，提高他们的人工智能实际操作能力，为进入人工智能领域工作或继续深造奠定基础。同时让人工智能技术应用专业学生掌握一定的大数据技术，支撑人工智能技术应用专业发展，拓展人工智能技术应用专业学生的就业范围。

教材体系与特色

　　重庆工商职业学院联合企业共同开发的面向高等职业教育的"人工智能技术应用专业教材体系"，整套教材体系框架如下。

序号	教材名称	适用专业	是否本教材
1	Python 网络爬虫	高职院校人工智能技术应用、大数据技术专业	是
2	深度学习实践	高职院校人工智能技术应用专业	否
3	智能数据分析与应用	高职院校人工智能技术应用、大数据技术专业	否
4	智能感知技术应用实训	高职院校人工智能技术应用专业	否
5	智能识别系统实现实训	高职院校人工智能技术应用专业	否
6	计算机视觉技术与应用	高职院校人工智能技术应用专业	否

　　本书是一门基于工作过程开发出来的人工智能技术应用、大数据技术相关专业职业核心教材。本书注重培养学生的职业能力和创新精神，培养学生利用主流爬虫框架进行爬虫项目设计和开发的实践能力，是融理论和实践一体化，教、学、做一体化的专业课程，是工学结合的课程，特色如下。

　　（1）针对性强：本书参照 1+X 数据采集职业标准，内容循序渐进，适应了时代的要求，符合应用型职业院校人才培养需要。

　　（2）实践性强：每个单元是一个基于工作工程的完整应用实践项目，通过实践操作完成项目，达到掌握相关技术的目标。

　　（3）逻辑性强：本书围绕数据采集标准工作流程设计，以解决实际问题为主。

　　（4）资源丰富：本书除了教材本身，还提供课件、应用操作录频、配套习题等辅助资料，使教和学更加容易。

受众定位

本书适用于应用型本科、高职高专院校大数据技术、人工智能技术应用专业，以及大数据、人工智能相关专业教材，也可作为大数据、人工智能技术开发人员自学和阅读教材。

教材基本概况

本书围绕 Python 网络爬虫业务背景及相关技术，分为导言和 5 个单元。

导言：介绍了本课程性质与背景、工作任务、学习目标、课程核心内容、重点技术、学习方法等。通过导言的学习，读者对本课程有个基本的了解。

单元 1：介绍了基于静态网页的爬虫技术相关框架与应用，包括网络交互框架 Requests、Mechanize、Scrapy，网页解析框架 BeautifulSoup4、XPath，数据存储框架 CSV、PyMySQL，并介绍了如何使用这些框架组合进行静态网页数据采集。

单元 2：介绍了基于动态网页的爬虫技术相关框架与应用，包括网络交互框架 Scrapy、Selenium，接口数据解析框架 JSON，无界面浏览器软件 PhantomJS，图片处理框架 Pillow，并介绍了如何使用这些框架组合进行动态网页数据采集。

单元 3：介绍了基于 App 应用的爬虫相关软件与应用，包括网络接口监听软件 Fiddler，手机模拟软件模拟器，以及如何使用软件监听 App 应用网络接口并获取数据。

单元 4：本单元内容是作为 Python 网络爬虫相关网络、法规及道德的补充，也展示了网络爬虫面临的种种问题及解决方法。

单元 5：介绍了在网络爬虫的基础上，通过 Redis 进行分布式缓存、过滤和分配来提高数据采集效率、安全性及数据一致性。

本书的编写参照了 1+X 职业技能等级证书标准，书中的技能知识点和职业技能等级证书标准对应关系如附录 A 所示。

编写团队

本书由龚卫（重庆工商职业学院副教授，重庆市高职院校职业技能竞赛优秀工作者、优秀指导教师，国家"双高计划"高水平专业群、首批国家级职业教育教师教学创新团队、国家骨干高职院校软件技术专业核心成员，国家职业教育教学资源库子项目主持人，重庆开放大学计算机科学与技术专业带头人）、郭嗣鑫（重庆工商职业学院大数据技术专业骨干教师，全国职业院校技能大赛优秀指导老师，重庆市高等职业院校学生职业技能竞赛优秀指导教师，一带一路暨金砖国家技能发展与技术创新大赛机器学习与大数据赛项金牌指导教师、优秀指导教师）担任主编，本书副主编均具有丰富的人工智能教学实践经验和 5 年以上的人工智能、大数据开发企业工作经验。具体编写分工如下：龚卫负责导言和单元 1 的编写工作，郭嗣鑫负责单元 2～3 的编写工作。单元 4 由四川华迪信息技术有限公司吕军编写，单元 5 由重庆工商职业学院王忠萌、四川华迪信息技术有限公司许富强共同编写。

由于编者水平有限，因此书中难免存在不妥之处，敬请读者批评指正。

编 者

2024 年 3 月

目　　录

导言 ·· 1

单元 1　爬取静态网页 ················· 5

学习情境 1.1　使用 Requests+
BeautifulSoup4+CSV
爬取天气预报
数据 ·················· 6

学习情境描述 ···················· 6
学习目标 ·························· 7
任务书 ···························· 7
获取信息 ·························· 7
工作计划 ·························· 8
进行决策 ·························· 9
知识准备 ·························· 9
相关案例 ························· 23
工作实施 ························· 31
评价反馈 ························· 31
拓展思考 ························· 32

学习情境 1.2　使用 Mechanize+
BeautifulSoup4+CSV
爬取百度搜索结果
数据 ················· 33

学习情境描述 ··················· 33
学习目标 ························· 33
任务书 ··························· 34
获取信息 ························· 34
工作计划 ························· 35
进行决策 ························· 36
知识准备 ························· 36
相关案例 ························· 46

工作实施 ························· 54
评价反馈 ························· 54
拓展思考 ························· 55

学习情境 1.3　使用 Scrapy+XPath+
PyMySQL 爬取汽车
销售分页数据 ····· 56

学习情境描述 ··················· 56
学习目标 ························· 56
任务书 ··························· 57
获取信息 ························· 57
工作计划 ························· 58
进行决策 ························· 59
知识准备 ························· 59
相关案例 ························· 78
工作实施 ························· 87
评价反馈 ························· 88
拓展思考 ························· 89

单元 2　爬取动态网页 ················· 90

学习情境 2.1　使用 Scrapy+JSON+
PyMySQL 爬取百度
图片数据 ·········· 91

学习情境描述 ··················· 91
学习目标 ························· 92
任务书 ··························· 92
获取信息 ························· 92
工作计划 ························· 93
进行决策 ························· 94
知识准备 ························· 94
相关案例 ························· 100

工作实施 ……………… 113
评价反馈 ……………… 113
拓展思考 ……………… 115

学习情境 2.2　使用 Selenium+
PhantomJS 爬取漫画
数据 …………… 115
学习情境描述 ………… 115
学习目标 ……………… 116
任务书 ………………… 116
获取信息 ……………… 116
工作计划 ……………… 117
进行决策 ……………… 118
知识准备 ……………… 118
相关案例 ……………… 142
工作实施 ……………… 153
评价反馈 ……………… 153
拓展思考 ……………… 154

单元 3　爬取 App 数据 ……… 155
学习情境 3.1　使用 Fiddler+Requests
爬取新闻类 App 接口
数据 …………… 156
学习情境描述 ………… 156
学习目标 ……………… 157
任务书 ………………… 157
获取信息 ……………… 157
工作计划 ……………… 158
进行决策 ……………… 159
知识准备 ……………… 159
相关案例 ……………… 169
工作实施 ……………… 179
评价反馈 ……………… 180
拓展思考 ……………… 181

单元 4　反爬虫策略及解决办法 … 182
学习情境 4.1　常见反爬虫策略及
解决办法 ……… 183

学习情境描述 ………… 183
学习目标 ……………… 183
教学引导 ……………… 184
知识准备 ……………… 184
拓展思考 ……………… 187

学习情境 4.2　处理输入式验证码
校验 …………… 187
学习情境描述 ………… 187
学习目标 ……………… 188
任务书 ………………… 188
获取信息 ……………… 188
进行决策 ……………… 189
知识准备 ……………… 189
相关案例 ……………… 193
工作实施 ……………… 200
评价反馈 ……………… 200
拓展思考 ……………… 201

单元 5　爬虫优化策略 …………202
学习情境　Scrapy+Redis 分布式爬取
电影数据 ………… 203
学习情境描述 ………… 203
学习目标 ……………… 203
任务书 ………………… 203
获取信息 ……………… 203
工作计划 ……………… 204
进行决策 ……………… 205
知识准备 ……………… 205
相关案例 ……………… 213
工作实施 ……………… 227
评价反馈 ……………… 227
拓展思考 ……………… 228

附录 A　《Python 网络爬虫》1+X
对照表 …………………229

导　言

课程性质描述

　　Python 网络爬虫是一门基于工作过程开发出来的学习领域课程，是大数据、人工智能相关专业职业核心课程。本课程注重对学生职业能力和创新精神、实践能力的培养，培养学生利用主流爬虫框架进行爬虫项目的设计和开发，是融理论和实践一体化，教、学、做一体化的专业课程，是工学结合课程。

　　适用专业：大数据、人工智能相关专业。

　　开设课时：56 课时。

　　建议课时：56 课时。

典型工作任务描述

　　在大数据时代，信息的采集是一项重要的工作，如果单纯靠人力进行信息采集，不仅低效烦琐，而且搜集的成本也会很高，我们可以使用网络爬虫对数据信息进行自动采集，比如应用于搜索引擎中对站点进行爬取收录，应用于数据分析与挖掘中对数据进行采集，应用于金融分析中对金融数据进行采集，除此之外，还可以将网络爬虫应用于舆情监测与分析、目标客户数据的收集等各个领域。我们可以根据爬取对象的不同设置网络爬虫的典型工作任务，包括爬取静态网页、爬取动态网页、爬取 App 数据。另外，我们在爬取数据过程中会遇到反爬虫及爬取效率低的困扰，我们将反爬虫策略及其解决办法，分布式爬虫优化也作为典型工作任务。本课程的典型工作任务如图 0-1 所示。

图 0-1　典型工作任务

课程学习目标

　　本课程内容涵盖了对学生在"基本理论""基本技能"和"职业素养"三个层次的培养，通过本课程的学习，你应该能够：

1. 基本理论方面

（1）掌握爬虫程序设计理念。

（2）掌握数据提取和存储思想。

（3）掌握 Scrapy 爬虫框架设计思想。

2. 基本技能方面

（1）熟练掌握 Requests 请求源数据的方法。

（2）熟练掌握 BeautifulSoup4 工具解析数据的方法。

（3）熟练掌握 Mechanize 模拟浏览器的方法。

（4）熟练掌握 XPath、CSS 解析数据的方法。

（5）熟练掌握 Scrapy 网页爬取的工作流程。

（6）熟练掌握 Scrapy 中 Item、Pipeline 数据的序列化输出方法。

（7）熟练掌握 Scrapy 中网页及接口请求方法。

（8）熟练掌握 Selenium 自动化操作方法。

（9）熟练掌握 Fiddler 的使用方法。

（10）熟练掌握 CSV、MySQL 数据存储方法。

（11）掌握常见反爬虫策略的解决办法。

（12）能正确使用 Scrapy+Redis 进行分布式数据采集工作。

3. 职业素养方面

（1）能够完成真实业务逻辑向代码的转化。

（2）能够独立分析解决问题。

（3）能够快速准确地查找参考资料。

（4）能够与小组其他成员通力合作。

学习组织形式与方法

亲爱的同学，欢迎你学习 Python 网络爬虫课程！

与你过去使用的传统教材相比，这是一种全新的学习材料，它可以帮助你更好地了解未来的工作及其要求，通过这本活页式教材学习如何通过爬虫采集网络数据，促进你的综合职业能力发展，使你有可能在短时间内成为网络爬虫的技术能手。

在正式开始学习之前请你仔细阅读以下内容，了解即将开始的全新教学模式，做好相应的学习准备。

1. 主动学习

在学习过程中，你将获得与你以往完全不同的学习体验，你会发现与传统课堂讲授为主的教学有着本质的区别——你是学习的主体，自主学习将成为本课程的主旋律。工作能力只有通过你自己亲自实践才能获得，而不能依靠教师的知识传授与技能指导。在工作过程中获得的知识最为牢固，而教师在你的学习和工作过程中只能对你进行方法的指导，为你的学习和工作提供帮助。比如说，教师可以给你传授如何设计爬虫程序的思想，给你解释 Scrapy 框架的各个组成部分，教你各种解析爬取数据的方法等。但在学习过程中，这些都是外因，你的主动学习与工作才是内因。如果你想成为爬虫技术能手，就必须主动、积极、亲自去完成分析网页、爬取数据、解析数据并存储数据的整个过程，通过完成工作任务学会相关技能。主动学习将伴随你的职业生涯，它可以使你快速适应新方法、新技术。

2. 用好工作活页

首先，你要深刻理解学习情境的每一个学习目标，利用这些目标指导自己的学习并评价自己的学习效果；其次，你要明确学习内容的结构，在引导问题的帮助下，尽量独自地去学习并完成包括填写工作活页内容等整个学习任务；同时你可以在教师和同学的帮助下，通过互联网查阅网络爬虫相关资料，学习重要的工作过程知识；再次，你应当积极参与小组讨论，去尝试解决复杂和综合性的问题，进行工作质量的自检和小组互检，并注意程序的规范化，在多种技术实践活动中形成自己的技术思维方式；最后，在完成一个工作任务后，反思是否有更好的方法或花更少的时间来完成工作目标。

3. 团队协作

课程的每个学习情境都是一个完整的工作过程，大部分的工作需要团队协作才能完成，教师会帮助大家划分学习小组，但要求各小组成员在组长的带领下，制订可行的学习和工作计划，并能合理安排学习与工作时间，分工协作，互相帮助，互相学习，广泛开展交流，大胆发表你的观点和见解，按时、保质保量地完成任务。你是小组的一员，你的参与与努力是团队完成任务的重要保证。

4. 把握好学习过程和学习资源

学习过程是由学习准备、计划与实施和评价反馈所组成的完整过程。你要养成理论与实践紧密结合的习惯，教师引导、同学交流、学习中的观察与独立思考、动手操作和评价反思都是专业技术学习的重要环节。

至于学习资源，可以参阅每个学习情境的相关知识和相关案例。此外，你也可以通过互联网等途径获得更多的专业技术信息，这将为你的学习和工作提供更多的帮助和技术支持，拓宽你的学习视野。

预祝你学习取得成功，早日成为网络爬虫的技术能手！

学习情境设计

为了完成 Python 网络爬虫的典型工作任务，我们安排了如表 0-1 所示的学习情境。

表 0-1　学习情境设计

序号	学习情境	任务简介	学时
1	使用 Requests+BeautifulSoup4+CSV 爬取天气预报数据	①在实际静态网页数据采集中应用 Requests 获取网页源数据 ②使用 BeautifulSoup4 根据网页源代码提取目标数据 ③使用 CSV 将程序过程数据持久化存储于本地	8
2	使用 Mechanize+BeautifulSoup4+CSV 爬取百度搜索结果数据	①使用 Mechanize 模拟浏览器操作进行网页操作，并根据网页结构反馈和用户行为操作获取相关网页源数据 ②使用 BeautifulSoup4 根据网页源代码提取目标数据 ③使用 CSV 将程序过程数据持久化存储于本地	4

（续表）

序号	学习情境	任务简介	学时
3	使用 Scrapy+XPath+PyMySQL 爬取汽车销售分页数据	①在实际静态网页数据采集中应用 Scrapy 直接/级联获取单条/批量网页源数据 ②使用 XPath 规则匹配网页节点提取目标数据 ③使用 PyMySQL 存储过程结构化数据于本地 MySQL 数据库中	4
4	使用 Scrapy+JSON+PyMySQL 爬取百度图片数据	①使用 Scrapy 获取动态数据源 ②使用 JSON 解析动态数据 ③使用 PyMySQL 存储动态结构化数据 MySQL 数据库	8
5	使用 Selenium+PhantonJS 爬取漫画数据	①使用 Selenium 模拟浏览器与用户行为操作 ②使用 PhantomJS 提供无界面浏览器支持与滚动截屏支持 ③使用 threading 构建多线程数据采集 ④使用 Pillow 裁剪处理并保存目标图片	8
6	使用 Fiddler+Requests 爬取新闻类 App 接口数据	①通过对 Fiddler 工具的安装、配置和使用来定位数据访问具体细节 ②对真机或模拟器 App 数据访问和用户交互操作的数据与行为进行解析 ③通过 Requests 或其他爬虫技术的应用，爬取手机应用 App 交互数据	8
7	常见反爬虫策略及解决办法	①总结归纳所遇见的反爬虫策略 ②针对反爬虫策略构思对应的解决办法	4
8	处理输入式验证码校验	以常规的输入式验证码为目标，处理机器识别策略	4
9	Scrapy+Redis 分布式爬取电影数据	①通过 Redis 数据源或目标数据存储，完成自动去重操作 ②将 Redis 和 Scrapy 结合，将多层级批量数据采集程序切换成分布式爬虫程序，并进行异步网络请求，提高网络爬虫的效率	8

学业评价

针对每一个学习情境，教师对学生的学习情况和任务完成情况进行评价。表 0-2 为各学习情境的评价权重，表 0-3 给出了对每个学生进行学业评价的参考表格。

表 0-2   学习情境评价权重

序号	学习情境	权重
1	使用 Requests+BeautifulSoup4+CSV 爬取天气预报数据	15%
2	使用 Mechanize+BeautifulSoup4+CSV 爬取百度搜索结果数据	10%
3	使用 Scrapy+XPath+PyMySQL 爬取汽车销售分页数据	10%
4	使用 Scrapy+JSON+PyMySQL 爬取百度图片数据	15%
5	使用 Selenium+PhantonJS 爬取漫画数据	10%
6	使用 Fiddler+Requests 爬取新闻类 App 接口数据	15%
7	常见反爬虫策略及解决办法	5%
8	处理输入式验证码校验	10%
9	Scrapy+Redis 分布式爬取电影数据	10%
	合计	100%

表 0-3   学业评价表

学号	姓名	学习情境 1	学习情境 2	……	学习情境 9	总评

单元 1　爬取静态网页

概述

在网站设计中，纯粹 HTML（标准通用标记语言下的一个应用）格式的网页通常被称为"静态网页"，静态网页是标准的 HTML 文件，它的文件扩展名是.htm、.html，可以包含文本、图像、声音、Flash 动画、客户端脚本和 ActiveX 控件及 Java 小程序等。

静态网页是网站建设的基础，早期的网站一般都是由静态网页制作的。静态网页是相对于动态网页而言的，是指没有后台数据库、不含程序和不可交互的网页。静态网页相对更新起来比较麻烦，适用于一般更新较少的展示型网站。

静态网页有时也被称为平面页。静态网页通常是超文本标记语言文档，存储在文件系统里头，并且可以通过 HTTP 访问网络服务器。

在本单元中，我们将学习如何使用 Python 相关技术爬取静态网页，这也是网络爬虫的基础课程。本单元教学导航如表 1-1 所示。

表 1-1　教学导航

知识重点	1. 爬虫的原理 2. Python 库环境管理 3. Requests 网络交互 4. Mechanize 模拟浏览器 5. Mechanize 模拟用户操作 6. Scrapy 框架原理 7. Scrapy 网络交互 8. BeautifulSoup4 数据结构化解析 9. XPath 结构化文档解析 10. CSV 文件数据操作 11. MySQL 数据库操作 12. PyMySQL 结构化存储
知识难点	1. 爬虫的原理 2. Requests 网络交互 3. Mechanize 模拟用户操作 4. Scrapy 网络交互 5. BeautifulSoup4 数据结构化解析 6. XPath 结构化文档解析 7. CSV 文件数据操作 8. PyMySQL 结构化存储
推荐教学方式	从学习情境任务书入手，通过对任务的解读，引导学生编制工作计划；根据标准工作流程，调整学生的工作计划并提出决策方案；通过相关案例的实施演练，让学生掌握任务的实现流程及技能
建议学时	16 学时
推荐学习方法	根据任务要求获取信息，制订工作计划；根据教师演示，动手完成工作任务，掌握任务实现的流程与技能，并进行课后的自我评价与扩展思考

（续表）

必须掌握的理论知识	1. 爬虫的原理 2. Requests 网络交互 3. Scrapy 框架原理 4. BeautifulSoup4 数据结构化解析 5. XPath 结构化文档解析 6. CSV 文件数据操作 7. MySQL 数据库操作 8. PyMySQL 结构化存储
必须掌握的技能	1. Python 库环境安装 2. Requests 请求源数据 3. Scrapy 请求源数据 4. BeautifulSoup4 解析网页 5. XPath 解析文档 6. CSV 本地文件存储数据 7. PyMySQL 存储数据

学习情境 1.1 使用 Requests+BeautifulSoup4+CSV 爬取天气预报数据

学习情境描述

1. 教学情境

通过学习教师讲授的 Requests、BeautifulSoup4、CSV 技术的相关知识，学习如何在实际静态网页数据采集中应用 Requests 获取网页源数据；使用 BeautifulSoup4 根据网页源代码提取目标数据；使用 CSV 将程序过程数据持久化地存储于本地。这就是一种最简单的三步静态网页数据爬虫操作步骤和应用。

2. 关键知识点

（1）爬虫的原理。

（2）HTTP 请求原理。

（3）Python 库环境管理。

（4）Requests 网络交互。

（5）BeautifulSoup4 数据结构化解析。

（6）IO 流数据处理。

（7）CSV 文件数据操作。

3. 关键技能点

（1）Python 库环境安装。

（2）Requests 请求源数据。

（3）BeautifulSoup4 数据解析。

（4）CSV 本地文件数据存储。

学习目标

1. 理解爬虫的原理。
2. 掌握 HTTP 网络交互及携带信息流程。
3. 掌握 Python 模块库（Requests、BeautifulSoup4、CSV）安装管理应用。
4. 能根据实际网页源，分析网络爬虫请求限制。
5. 能根据实际网页源，使用 Requests 获取源代码数据。
6. 能根据 HTML 源代码结构，使用 BeautifulSoup4 获取对应节点对象。
7. 能使用 BeautifulSoup4 获取对应节点相关属性及内容数据。
8. 能使用 CSV 模块，存储程序过程中的数据进行到本地文件。

任 务 书

1. 完成通过 pip 命令安装及管理 Requests、BeautifulSoup4、CSV 库。
2. 完成通过 Requests 获取中国天气网华北地区天气预报网页源代码。
3. 完成通过 BeautifulSoup4 解析结构化网页，并获取对应城市的各类天气数据。
4. 完成通过 CSV 将解析到的各城市天气数据进行本地结构化存储。

获取信息

引导问题 1：什么是网络爬虫？网络爬虫的原理是什么？

_____

_____

_____

引导问题 2：网络爬虫有哪些流程？这些流程的意义是什么？

_____

_____

_____

引导问题 3：网络爬虫前我们需要准备什么？

_____

引导问题 4：使用什么技术获取网页源代码？如何获取网页源代码？

_____

_____

_____

_____

引导问题 5：使用什么技术结构化网页并获取数据？如何获取网页数据中的节点？如何获取节点的属性和内容？

_____

_____

_____

_____

_____

引导问题 6：使用什么技术做本地数据存储？本地存储哪些数据？如何存储数据到本地？

_____

_____

_____

_____

_____

_____

工作计划

1. 制订工作方案（见表 1-2）

根据获取到的信息进行方案预演，选定目标，明确执行过程。

表 1-2　工作方案

步骤	工作内容
1	
2	
3	
4	
5	
6	
7	
8	

2. 写出此工作方案执行的网络爬虫工作原理

_____

_____

3. 列出工具清单（见表 1-3）

列举出本次实施方案中所需要用到的软件工具。

_____

_____

表 1-3　软件工具清单

序号	名称	版本	备注
1			
2			
3			
4			
5			
6			
7			
8			

4. 列出技术清单（见表 1-4）

列举出本次实施方案中所需要用到的技术。

表 1-4　技术清单

序号	名称	版本	备注
1			
2			
3			
4			
5			
6			
7			
8			

进行决策

1. 根据引导、构思、计划等，各自阐述自己的设计方案。
2. 对其他人的设计方案提出自己不同的看法。
3. 教师结合大家完成的情况进行点评，选出最佳方案，并写出最佳方案。

_____

_____

_____

_____

知识准备

为了实现任务目标"使用 Requests+BeautifulSoup4+CSV 爬取天气预报数据"，需要学习的知识与技能如图 1-1 所示。

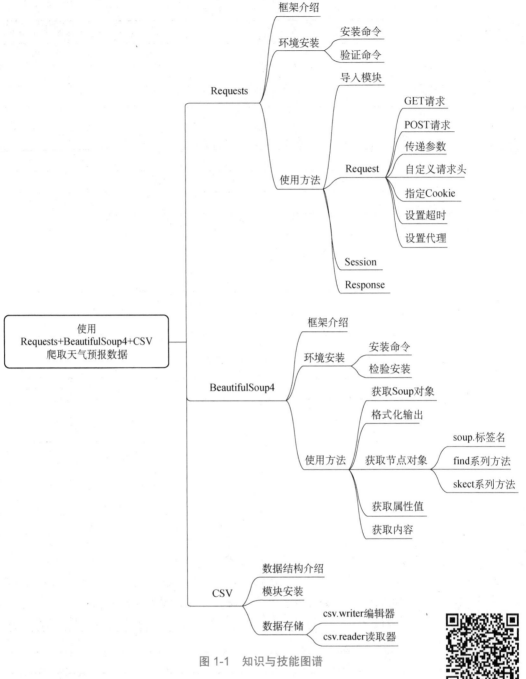

图 1-1　知识与技能图谱

Requests 的安装
和使用

1.1.1　Requests

1. Requests 框架介绍

以下是 Requests 官网对其模块的总体介绍："Requests is an elegant and simple HTTP library for Python，built for human beings.

Requests allows you to send HTTP/1.1 requests extremely easily. There's no need to manually add query strings to your URLs，or to form-encode your POST data. Keep-alive and

HTTP connection pooling are 100% automatic，thanks to urllib3.”

　　Requests 是一个基于 Apache2 协议开源的 Python HTTP 库，号称是"为人类准备的 HTTP 库"。Requests 完全满足当今 Web 的需求：

- Keep-Alive & 连接池。
- 国际化域名和 URL。
- 带持久 Cookie 的会话。
- 浏览器式的 SSL 认证。
- 自动内容解码。
- 基本/摘要式的身份认证。
- 优雅的 key/value Cookie。
- 自动解压。
- Unicode 响应体。
- HTTP（S）代理支持。
- 文件分块上传。
- 流下载。
- 连接超时。
- 分块请求。
- 支持.netrc。

2. Requests 环境安装

　　在 Python 中要使用相关库或模块内容，需要它们在 Python 管理环境中已存在。Requests 框架属于第三方框架，不能直接使用，需要使用工具进行安装。

　　（1）使用命令安装 Requests 库

```
$ pip install Requests
```

　　和无依赖框架安装有所不同的是，Requests 库在安装的时候会自动检查 Requests 库的运行依赖环境是否已安装，主要检测框架有 chardet 框架、urllib3 框架、idna 框架和 certifi 框架。当发现依赖的框架并未安装，Requests 框架安装过程会自动将这些框架下载并安装上。

　　当进度达到 100%，并且提示"Successfully installed Requests-*.*.*"时，表示安装成功，可以在程序中导入使用了。

　　（2）检验安装

　　Requests 框架是由 pip 命令安装的，也可以使用 pip 命令检验安装状态。

```
$ pip list
```

　　在已安装列表中显示了 requests 2.21.0，表明版本为 2.21.0 的 Requests 库安装成功。

3. Requests 使用方法

　　使用 Requests 发送网络请求非常简单，只需要熟知以下一些概念即可。

　　（1）导入模块

```
import requests
```

（2）GET 请求

此处，我们使用 Requests 库的 GET 方式请求百度首页源代码，以下是相关代码：

```
r = requests.get("https://www.baidu.com")
print(r.status_code)
print(r.content)
```

运行程序，输出以下相应状态码和内容：

```
200
b'<!DOCTYPE html>\r\n<!--STATUS OK--><html> <head><meta http-equiv=content-
type content=text/html;charset=utf-8>...
```

（3）POST 请求

和 GET 类似，切换请求方式为 POST，其操作流程不变。

```
r = requests.post("https://www.baidu.com")
print(r.status_code)
print(r.content)
```

运行程序，输出以下相应状态码和内容：

```
200
b'<!DOCTYPE html>\r\n<!--STATUS OK--><html> <head><meta http-equiv=content-
type content=text/html;charset=utf-8>...
```

（4）传递参数

实际的访问都要有请求参数，为了提高 Requests 的可读性，Requests 支持将参数剥离出来，使用 params/data 参数作为传递方法传过去，无须附加在 URL 后面。其中，params 参数是 GET 方式参数名称；data 参数是 POST、PUT、PATCH 方式的参数名称。

例如，请求 URL https://www.baidu.com/?name=zhangsan，可使用：

```
url = "https://www.baidu.com"
r = requests.get(url, params={"name":"zhangsan"})
print(r.url)
```

运行程序，输出以下自动拼接的请求地址：

```
https://www.baidu.com/?name=zhangsan
```

（5）自定义请求头

服务器经常有反爬虫机制，它会通过判断客户端请求头中的 User-Agent 是否来源于浏览器来决定是否启动反爬虫机制。所以使用 Requests 爬取数据时要把自己伪装成一个浏览器来发起访问，要指定 User-Agent 来伪装成浏览器发起请求。

```
url = 'https://www.baidu.com/'
headers = {'user-agent': 'Mozilla/5.0'}
r = requests.get(url=url, headers=headers)
```

（6）指定 cookies

Cookie 是请求头的一部分，同时也是 Web 浏览器的凭证，根据实际情况，有时候要指定 Cookie 的参数，Requests 将 Cookie 从中剥离出来，可以使用 cookies 参数直接指定。

```
url = "https://httpbin.org/cookies"
r = requests.get(url, cookies={'myname': 'lisi'})
print(r.text)
```

运行程序，输出以下内容：

```
{
  "cookies": {
    "myname": "lisi"
  }
}
```

（7）设置超时

发起请求遇到服务器响应缓慢时，可以设置请求超时时间 timeout，单位是秒，超过该时间还没有成功连接服务器时，将强行终止请求。

```
r = requests.get('https://baidu.com', timeout=5)
```

（8）设置代理

服务器经常有反爬虫机制，所以如果用 IP 地址直接爬取数据就会发现该 IP 地址已经被封了，为了避免这一情况，就需要设置代理 IP 地址。

```
proxies = {
'http': 'https://111.226.211.18:8118',
'http': 'https://110.52.235.9:9999'
}
r = requests.get('https://baidu.com', proxies=proxies, timeout=2)
```

（9）Session

由于在爬取有些网页时要求登录之后才能爬取，所以要和服务器一直保持登录状态，而不用都指定 Cookies，那么可以使用 Session 来完成，Session 提供的 API 和 Requests 是一样的。

```
s = requests.Session()
s.cookies = requests.utils.cookiejar_from_dict({"b": "d"})
r = s.get('https://httpbin.org/cookies')
print(r.text)


r = s.get('https://httpbin.org/cookies')
print(r.text)
```

运行程序，输出以下内容：

```
'{"cookies": {"b": "d"}}'
'{"cookies": {"b": "d"}}'
```

（10）Response

当我们使用 GET、POST 或其他方式发起网络请求后，就可以获得一个 Response 对象，我们可以从这个对象中获取所有我们想要的信息。

从 Response 对象（r）中可以获取到

- 实际请求的 URL：r.url。
- 推测的文本编码：r.encoding。
- 二进制相应内容：r.content。
- JSON 相应内容：r.json()。
- 原始相应内容：r.raw。
- 响应状态码：r.status_code。
- 响应头：r.headers。
- Cookie：r.cookies。
- 响应历史：r.history。

1.1.2 BeautifulSoup4

BeautifulSoup4、
CSV 的安装和使用

1. BeautifulSoup4 框架介绍

BeautifulSoup 是一个可以从 HTML 或 XML 文件中提取数据的 Python 库。它能够通过你喜欢的转换器实现惯用的文档导航，查找、修改文档的方式。BeautifulSoup 会帮你节省数小时甚至数天的工作时间。

BeautifulSoup 是一个 HTML/XML 的解析器，主要的功能是解析和提取 HTML/XML 数据。BeautifulSoup 支持 Python 标准库中的 HTML 解析器，还支持一些第三方的解析器。通常情况下我们不会使用 Python 默认的解析器，而是使用 lxml 解析器，lxml 解析器更加强大，速度更快，推荐使用 lxml 解析器。

2. BeautifulSoup4 环境安装

BeautifulSoup4 框架属于第三方框架，不能直接使用，需要使用工具进行安装。

（1）使用 pip 命令安装 BeautifulSoup4 库

```
$ pip install BeautifulSoup4
```

（2）检验安装

BeautifulSoup4 框架是由 pip 命令安装的，也可以使用 pip 命令检验安装状态。以下是具体操作。

```
$ pip list
```

在已安装列表中显示了 BeautifulSoup4 4.7.1，表明版本为 4.7.1 的 BeautifulSoup4 库安装成功。

3. BeautifulSoup4 使用方法

本节将采用"解析演示.html"作为演示的 HTML 源代码。

"解析演示.html"源代码如下：

```
<html>
<head>
<title>演示测试</title>
</head>
<body>
    <div id="dhl"><p>lorem <span>poium</span></p></div>
    <div class="ulcs">
        <ul>
        <li>ul 测试 1</li>
        <li>ul 测试 2</li>
        <li>ul 测试 3</li>
        </ul>
    </div>
    <div id="img"><img src="D:\屏图\noPermissions.jpg"></div>
</body>
</html>
```

BeautifulSoup4（简写为 BS4）可以将网页文件变成一个 soup 的类型，从而方便我们对其中的节点、标签、属性等进行操作。

（1）获取 soup 对象

从文件中加载 HTML 网页，指定 HTML 解析器使用 lxml。在不指定的情况下，默认 BS4 会自动匹配当前系统中最优先的解析器，语法如下：

```
soup = BeautifulSoup(open("index.html",encoding='utf-8'), "lxml")
```

表 1-5 列出了主要的解析器，以及它们的优劣势。

表 1-5　主要的解析器及其优缺点

解析器	使用方法	优势	劣势
Python 标准库	BeautifulSoup(markup, "html.parser")	• Python 的内置标准库 • 执行速度适中 • 文档容错能力强	Python 2.7.3 或 3.2.2 前的版本中文档容错能力差
lxml HTML 解析器	BeautifulSoup(markup, "lxml")	• 速度快 • 文档容错能力强	需要安装 C 语言库
lxml XML 解析器	BeautifulSoup(markup, ["lxml-xml"]) BeautifulSoup(markup, "xml")	• 速度快 • 唯一支持 XML 的解析器	需要安装 C 语言库
html5lib	BeautifulSoup(markup, "html5lib")	• 最好的容错性 • 以浏览器的方式解析文档 • 生成 HTML5 格式的文档	• 速度慢 • 不依赖外部扩展

如果爬虫获取到的是字符数据，就直接交给 BS4，语法如下：

```
soup = BeatufilSoup(spider_content, "lxml")
```

（2）格式化输出

利用 prettify()可以实现格式化输出，默认的是 GBK 输出，语法如下：

```
soup.prettify('utf-8', formatter='minimal')
```

样例 1-1：使用 BS4 打开本地"解析演示.html"文件，并将文本打印在控制台。代码如下：

```
from bs4 import BeautifulSoup

soup = BeautifulSoup(open("E:\解析演示.html",encoding='utf-8'), "lxml")
content = soup.prettify()
print(content)
```

（3）获取节点 BS4 对象

soup 不是一个节点对象，不能用以下部分功能。

这里我们有 3 种方式可以获取节点 BS4 对象。

① soup.标签名。通过"soup.标签名"的方式获取节点 BS4 对象，这样只能获取第一个符合要求的标签，语法如下：

```
# 获取这个标签下的指定标签对象
BS4<Lab>=BS4<Lab>.标签名
```

这个 BS4 标签对象可以有如下操作（BS4<Lab>：一个 BS4 标签对象）：

a. 获取属性值：

```
属性值=BS4<Lab>.attrs['属性名']
# 或
属性值=BS4<Lab>['属性名']
```

b. 获取内容：

```
内容=BS4<Lab>.string
```

c. 子节点：
- 获取子节点列表。

```
#返回的一个子节点的列表
list=BS4<Lab>.contents
```

- 获取子节点迭代对象。

```
# 返回的一个子节点的迭代对象
iteration=BS4<Lab>.children
# 只能通过循环的方式获取素有的信息
for i, child in enumerate(soup.p.children):
    print(i, child)
```

d. 子孙节点：

```
# 返回的一个获取子孙节点的迭代对象
iteration=BS4<Lab>.descendants
```

e. 父节点：

```
#返回的父级节点对象
BS4<Lab>=BS4<Lab>.parent
```

f. 祖先节点：

```
#返回所有的祖先节点对象列表
list(enumerate(BS4<Lab>.parents))
```

该方法可以获取祖先节点，返回的结果是一个列表，会分别将 a 标签的父节点的信息存放到列表中，以及祖先节点也放到列表中，并且最后还会将整个文档放到列表中，所有列表的最后一个元素及倒数第二个元素存的都是整个文档的信息。

g. 兄弟节点：

```
# 获取后面的兄弟节点
BS4<Lab>.next_siblings
```

```
# 获取前面的兄弟节点
BS4<Lab>.previous_siblings
```

```
# 获取下一个兄弟标签
BS4<Lab>.next_sibling
```

```
# 获取上一个兄弟标签
BS4<Lab>.previous_sinbling
```

样例 1-2：使用 BS4 对象解析"解析演示.html"文件并操作 BS4 对象获取标题及图片的路径，代码如下：

```
from BS4 import BeautifulSoup

# 获取 BS4 对象
soup = BeautifulSoup(open("E:\解析演示.html",encoding='utf-8'), "lxml")

# title 在测试 HTML 中只有一个，所以可以直接获取 soup 对象中第一个 title
title = soup.title

#img 标签在 body 标签的子标签中的第 3 个 div 下
#所以先获取 body 的所有子标签
divlist = soup.body.contents
i = 0;

#查看第 3 个 div 在 body 子代集合中的位置
for child in divlist:
    print(i,end="          ")
    print(child)
```

```
i=i+1

#第 3 个 div 排在第 5 个位置
div3 = divlist[5]
print(div3)

#获取 img 标签
img = div3.img
print(img)

#获取 src 属性
src = img.get("src")
print(src)
```

② find()系列方法。通过 find()系列方法直接获取符合的节点 BS4 对象，但是 find()系列方法主要用于查找匹配条件内容，不一定会是 BS4<Lab>节点对象。语法如下：

```
find(name,attrs,recursive,text,**kwargs)
find_all(name,attrs,recursive,text,**kwargs)
```

其中：

- find()：返回匹配结果的第一个元素。
- find_all()：返回所有匹配结果的列表。

使用 find()查找匹配的元素，样式如下。

```
标签名匹配:name
如:soup.find('ul')
属性与属性值匹配:attrs
如:soup.find(attrs={'name': 'elements'})
    soup.find_all(attrs={'id': 'list-1'})
内容匹配 text:
如:soup.find(text='Foo')
正则表达式:
res2=soup.find(re.compile(r"d+")) # 查询包含 d 字符的标签
列表:选择
res3 = soup.find(["div", "h1"])# 查询 div 或者 h1 标签
关键字参数
res4 = soup.find(id="name")# 查询属性为 id="name"的标签
```

find()方法系列的其他方法说明：

```
find_parents()返回所有祖先节点。
find_parent()返回直接父节点。
find_next_siblings()返回后面所有兄弟节点。
find_next_sibling()返回后面第一个兄弟节点。
find_previous_siblings()返回前面所有兄弟节点。
```

find_previous_sibling()返回前面第一个兄弟节点。

find_all_next()返回节点后所有符合条件的节点。

find_next()返回第一个符合条件的节点。

find_all_previous()返回节点后所有符合条件的节点。

find_previous()返回第一个符合条件的节点。

样例 1-3：使用 BS4 解析"解析演示.html"文件，并使用 find 查询 BS4 对象并获取第 2 个 p 标签的值，以及类属性是 ulcs 中的 li 的值。

代码如下：

```
from BS4 import BeautifulSoup

# 获取 BS4 对象
soup = BeautifulSoup(open("E:\解析演示.html",encoding='utf-8'), "lxml")

# 观察解析演示.html 可以看出 2 个 p 标签都在一个 div 中，所以先获取一个 div 后再获取 p 标
签,本小例主要为了演示使用 find()
p1 = soup.find("div").find("p")
p2 = p1.find_next_sibling()
print(p2)

# 先使用 find 获取属性为 ulcs 的 div
ulcs = soup.find(attrs={'class': 'ulcs'})

# 使用 find_all()获取所有的 li 标签
lis = ulcs.find_all("li")
for li in lis:
    print(li.getText())
```

③ select()方法。通过 select()方法直接获取符合条件的节点 BS4 对象，其中：

● select()：获取的是符合条件的 BS4 对象集合。

● select_one()：获取的是符合条件的第一个 BS4 对象。

通过 select()方法直接传入 CSS 选择器就可以完成选择，熟悉前端的人对 CSS 可能更加了解，其实用法也是一样的。

a. CSS 标签选择器。可以根据标签名称查询标签对象，样例如下：

```
res1 = soup.select("span")
```

b. CSS ID 选择器。根据 ID 查询标签对象，样例如下：

```
res2 = soup.select("#gender")
```

c. CSS 类选择器。根据 class 属性查询标签对象，样例如下：

```
res3 = soup.select(".intro")
```

d. CSS 属性选择器。根据属性选择标签对象，样例如下：

```
res42 = soup.select("span[id='gender']")
```

e. CSS 包含选择器。根据包含条件选择标签对象，样例如下：

```
res5 = soup.select("p span #name")
```

样例 1-4：使用 select()方法获取"解析演示.html"中 id 为 img 标签下的 img 的图片地址。

代码如下：

```
from BS4 import BeautifulSoup

# 获取 BS4 对象
soup = BeautifulSoup(open("E:\解析演示.html",encoding='utf-8'), "lxml")

# 直接获取 id = img 的标签
id_img = soup.select_one("#i

# 获取 id_img 下的 ig 标签
img = id_img.select_one("img

# 获取标签的 src 属性
print(img.get("src"))
```

1.1.3 CSV

1. 数据结构介绍

CSV（Comma-Separated Values），也称为逗号分隔值。其文件以纯文本形式存储表格数据（数字和文本）。纯文本意味着该文件是一个字符序列，不含像二进制数字那样被解读的数据。

CSV 文件由任意数目的记录组成，记录间以指定换行符分隔，默认换行符为"\r\n"；每条记录由字段组成，字段间以指定分隔符分割，默认分隔符是逗号，最常见的是逗号或制表符。

通常，CSV 所有记录都有完全相同的字段序列，即有公共的数据结构，通常 CSV 文件都是纯文本文件。CSV 文件常用打开方式为记事本或 Excel，本身并不存在通用标准，也不受存储样式限制。

图 1-2 和图 1-3 分别是常见记事本及 Excel 打开 CSV 样式。

图 1-2　记事本打开 CSV 样式

图 1-3　Excel 打开 CSV 样式

2. CSV 模块安装

因为 CSV 模块均为 Python 内置模块，在环境安装时已自动安装上，所以可以直接使用框架库，无须额外安装。且因为 CSV 框架是在安装包中自带的，所以使用 pip 命令无法检测，可以通过使用验证安装。

```
$ python
```

```
Python 3.7.2(tags/v3.7.2:9a3ffc0492, Dec 23 2018, 23:09:28)[MSC v.1916 64 bit
(AMD64)] on win32
Type "help", "copyright", "credits" or "license" for more information.
>>> import csv
>>>
```

3. 数据存储操作

CSV 模块实现用于以 CSV 格式读取和写入表格数据的类。CSV 模块的 reader 和 writer 对象用于读取和写入序列。程序员还可以使用 DictReader 和 DictWriter 类以字典形式读取和写入数据。

表 1-6 是 Python 中 CSV 模块的主要方法。其中最常用的是 CSV 的读写，即 csv.reader、csv.writer。

表 1-6　Python 中 CSV 模块的主要方法

方　　法	描　　述
csv.reader	返回一个遍历 CSV 文件各行的读取器对象
csv.writer	返回将数据写入 CSV 文件的编辑器对象
csv.register_dialect	注册 CSV 方言
csv.unregister_dialect	注销 CSV 方言
csv.get_dialect	返回具有给定名称的方言
csv.list_dialects	返回所有已注册的方言
csv.field_size_limit	返回解析器允许的当前最大字段大小

（1）csv.writer

csv.writer()方法返回一个 writer（编辑器）对象，该对象将用户数据转换为给定文件对象上的定界字符串。相关语法如下：

```
csv.writer(csvfile, dialect='excel', **fmtparams)
```

其中，换行符需要在 csvfile 对象构建中指定，参数是 newline；csv 分隔符需要在 reader 对象构建中指定，参数是 quotechar。

样例 1-5： 构建 eggs.csv 文件，并使用 CSV 模块写入初始数据。代码如下：

```
import csv
with open('eggs.csv', 'w', newline='')as csvfile:
    spamwriter = csv.writer(csvfile, delimiter=' ',
                            quotechar='|', quoting=csv.QUOTE_MINIMAL)
    spamwriter.writerow(['Spam'] * 5 + ['Baked Beans'])
    spamwriter.writerow(['Spam', 'Lovely Spam', 'Wonderful Spam'])
```

运行程序，生成一个 eggs.csv 文件，打开文件，其内容样式为：

```
Spam| Spam| Spam| Spam| Spam| Baked Beans
Spam| Lovely Spam| Wonderful Spam
```

（2）csv.reader

csv.reader()方法返回一个读取器对象，该对象遍历给定 CSV 文件中的行，相关语法如下：

```
csv.reader(csvfile, dialect='excel', **fmtparams)
```

样例 1-6： 使用 CSV 模块读取 eggs.csv 文件中的数据。代码如下：

```
import csv
with open('eggs.csv', newline='')as csvfile:
    spamreader = csv.reader(csvfile, delimiter=' ', quotechar='|')
    for row in spamreader:
        print(', '.join(row))
```

运行程序，得到如下结果：

```
Spam, Spam, Spam, Spam, Spam, Baked Beans
Spam, Lovely Spam, Wonderful Spam
```

相关案例

按照本单元所涉及的知识面及知识点，准备下一步工作实施的参考案例，展示项目案例"使用 Requests+BeautifulSoup4+CSV 爬取天气预报数据"的实施过程。

按照网络爬虫的实际项目开发过程，以下展示的是具体流程。

获取各城市当日天气详情数据

1. 确定数据源

在正式开始进行网络爬虫之前，需要明确我们的爬虫目的。本次的爬虫目的是获取各城市当日天气预报数据。

针对本次的网络爬虫目的，我们从众多天气数据网站中选择了中国天气网（http://www.weather.com.cn）作为本次的目标网站群，首页如图 1-4 所示。为了更方便地精确定位到指定数据，将目标地址定位到中国天气网下面的地区天气预报页面（http://www.weather.com.cn/textFC/hb.shtml）（其中城市是按照地区划分的，如果要获取所有地域的数据，需要将华北、东北、华东、华中、华南、西北、西南、港澳台对应地址下的数据同步上），如图 1-5 所示。

2. 确定目标数据

根据目标确定的数据源，对照目的——获取各城市当日天气预报数据，我们截取网页表格中详情数据值，如图 1-6 所示，并根据内容明确要提取的详情字段分别有省/直辖市、城市、白天天气现象、白天风向风力、白天最高气温、夜间天气现象、夜间风向风力、夜间最低气温、详情。

3. 安装环境

本次项目使用环境为：

- 本地语言环境：Python 3.8。
- 编译工具：PyCharm 2021.2。

图 1-4　中国天气网首页

图 1-5　华北地区天气预报

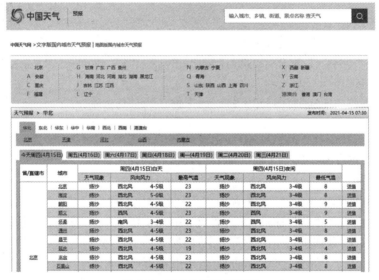

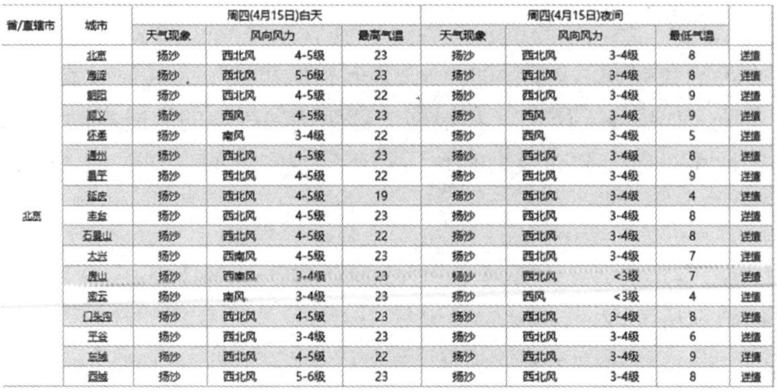

图 1-6　北京市地区天气预报

- 网络请求框架：Requests 2.25.1。
- 网页解析框架：BeautifulSoup4 4.9.1。
- 数据存储框架：CSV。

为确保正常开发，需明确相关环境（Requests、BeautifulSoup4、CSV）已正常准备，可以使用 pip 命令进行环境安装，以下是具体操作：

```
$ pip install beautifulsoup4
$ pip install requests
```

4. 构建项目

在准备工作都完成之后，即可通过工具 PyCharm 构建项目，并开始进行项目开发了。

我们使用 PyCharm 构建基本 Python 项目"Learning_Situation_1"，如图 1-7、图 1-8 所示。

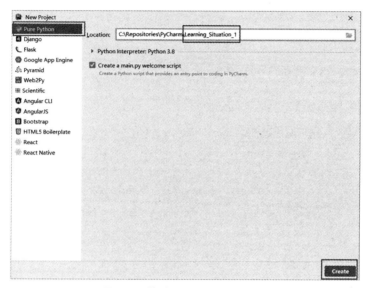

图 1-7　构建 Python 项目（1）

图 1-8　构建 Python 项目（2）

5. 编写网页爬虫程序

在创建的项目"Learning_Situation_1"中构建网页爬虫程序，以下是具体操作步骤。

（1）构建可执行文件

创建网络爬虫可执行文件"spider_weather_today.py"，效果如图 1-9 所示。

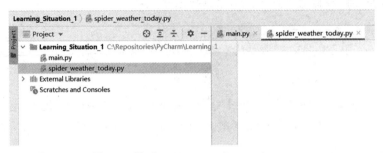

图 1-9　构建 spider_weather_today.py

（2）导入模块

```
import requests
```

（3）构建网页爬虫函数

```
# 网页爬虫函数 -> 网页源代码
def getData(url, headers=headers):
    # Http GET 网络请求
    resp = requests.get(url=url, headers=headers)
    # 指定网络请求响应编码
    resp.encoding = 'UTF-8'

    # 返回网页源代码数据
    return resp.text
```

6. 编写网页解析程序

（1）导入模块

```
from bs4 import BeautifulSoup
```

（2）构建天气数据类对象

根据目标内容及网页详情，构建天气数据对象方便存储及查看数据，以下是相关操作。

item.py

```
class Weather():

    def __init__(self):
        self.province = ''  # 省/直辖市
        self.city = ''  # 城市
        self.weather_day = ''  # 白天天气现象
```

```
        self.weather_night = ''  # 夜间天气现象
        self.wind_direction_day = ''  # 白天风向
        self.wind_direction_night = ''  # 夜间风向
        self.wind_power_day = ''  # 白天风力等级
        self.wind_power_night = ''  # 夜间风力等级
        self.temperature_high = ''  # 白天最高气温
        self.temperature_low = ''  # 夜间最低气温
        self.href_info = ''  # 详情链接

    def __str__(self):
        return 'province:%s ;' \
                'city:%s ;' \
                'weather_day:%s ;' \
                'weather_night:%s ;' \
                'wind_direction_day:%s ;' \
                'wind_direction_night:%s ;' \
                'wind_power_day:%s ;' \
                'wind_power_night:%s ;' \
                'temperature_high:%s ;' \
                'temperature_low:%s ;' \
                'href_info:%s ;' \
                %(self.province,
                  self.city,
                  self.weather_day,
                  self.weather_night,
                  self.wind_direction_day,
                  self.wind_direction_night,
                  self.wind_power_day,
                  self.wind_power_night,
                  self.temperature_high,
                  self.temperature_low,
                  self.href_info)
```

（3）构建网页解析函数

因为网页展示的天气信息是所有城市的，所以构建解析程序返回的是一个列表，以下是相关操作。

```
from item import Weather

def analizesData(html):
    list = []

    soup = BeautifulSoup(html, 'lxml')
    divs = soup.find('div', class_='hanml').find('div', class_=
```

```
'conMidtab').find_all('div', class_='conMidtab2')

    for div in divs:
        trs = div.select('table tr')[2:]
        province = div.find('td', class_='rowsPan').find('a').string.strip()

        for tr in trs:
            weather = Weather()
            tds = tr.select('td:not(.rowsPan)')
            print(tds)

            weather.province = province   # 省/直辖市
            weather.city = tds[0].a.string.strip() # 城市
            weather.weather_day = tds[1].string.strip() # 白天天气现象
            weather.weather_night = tds[3].string.strip() # 夜间天气现象
            weather.wind_direction_day = tds[2].find_all('span')[0].string.
strip() # 白天风向
            weather.wind_direction_night = tds[5].find_all('span')[0].
string.strip() # 夜间风向
            weather.wind_power_day = tds[2].find_all('span')[1].string.strip()
# 白天风力等级
            weather.wind_power_night  =  tds[5].find_all('span')[1].string.
strip() # 夜间风力等级
            weather.temperature_high = tds[3].string.strip() # 白天最高气温
            weather.temperature_low = tds[3].string.strip() # 夜间最低气温
            weather.href_info = tds[7].a.attrs['href']  # 详情链接
            print(weather)

            list.append(weather)

    return list
```

7. 编写数据存储程序

（1）导入模块

```
import csv
```

（2）构建数据存储函数

定义数据存储函数，将所有 Weather 对象数据存入本地文件"weather.csv"中。

```
def writeCSV(weathers):
    with open('weather.csv', 'w', newline='', encoding='UTF-8')as file:
        writer = csv.writer(file)
        for weather in weathers:
            writer.writerow([weather.province,
```

```
                            weather.city,
                            weather.weather_day,
                            weather.weather_night,
                            weather.wind_direction_day,
                            weather.wind_direction_night,
                            weather.wind_power_day,
                            weather.wind_power_night,
                            weather.temperature_high,
                            weather.temperature_low,
                            weather.href_info])

        file.close()
```

8. 运行程序

（1）构建程序启动入口

```
if __name__ == '__main__':
    pass
```

（2）指定网络爬虫地址 URL

```
    url = 'http://www.weather.com.cn/textFC/hb.shtml'
```

（3）构建默认请求头 headers

```
from fake_useragent import UserAgent

headers = {
    'User-Agent': UserAgent().random
}
```

UserAgent 是识别浏览器的一串字符串，相当于浏览器的身份证，在利用爬虫爬取网站数据时，频繁更换 UserAgent 可以避免触发相应的反爬机制。fake_useragent 是第三方库，对频繁更换 UserAgent 提供了很好的支持。

在使用之前，先使用 pip 命令安装库环境，以下是相关命令：

```
$ pip install fake-useragent
```

（4）调用函数进行网络爬虫，得到本地数据文件

```
if __name__ == '__main__':
writeCSV(analizesData(getData(url=url, headers=headers)))
```

（5）运行程序

在 PyCharm 中运行程序可通过两种方式，分别是：

①右键运行。选中可执行文件，右键单击，选中"Run 'spider_weather_today.py'"或"Debug 'spider_ weather_today.py'"。

②脚本运行。在 Terminal 窗口中调用命令运行程序：

```
(base)C:\Repositories\PyCharm\Learning_Situation_1>python spider_weather_
today.py
```

9. 效果截图

运行程序，采集数据并存储于本地 weather.csv 中，效果如图 1-10、图 1-11 所示。

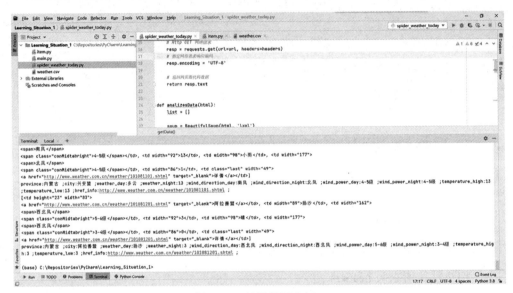

图 1-10　效果截图（1）

1	北京,北京,扬沙,23,西北风,西北风,4-5级,3-4级,23,23,http://www.weather.com.cn/weather/101010100.shtml
2	北京,海淀,扬沙,23,西北风,西北风,5-6级,3-4级,23,23,http://www.weather.com.cn/weather/101010200.shtml
3	北京,朝阳,扬沙,22,西北风,西北风,4-5级,3-4级,22,22,http://www.weather.com.cn/weather/101010300.shtml
4	北京,顺义,扬沙,23,西风,南风,4-5级,3-4级,23,23,http://www.weather.com.cn/weather/101010400.shtml
5	北京,怀柔,扬沙,22,南风,西风,3-4级,3-4级,22,22,http://www.weather.com.cn/weather/101010500.shtml
6	北京,通州,扬沙,23,西北风,西北风,4-5级,3-4级,23,23,http://www.weather.com.cn/weather/101010600.shtml
7	北京,昌平,扬沙,22,西北风,西北风,4-5级,3-4级,22,22,http://www.weather.com.cn/weather/101010700.shtml
8	北京,延庆,扬沙,19,西北风,西北风,3-4级,3-4级,19,19,http://www.weather.com.cn/weather/101010800.shtml
9	北京,丰台,扬沙,23,西北风,西北风,4-5级,3-4级,23,23,http://www.weather.com.cn/weather/101010900.shtml
10	北京,石景山,扬沙,22,西北风,西北风,4-5级,3-4级,22,22,http://www.weather.com.cn/weather/101011000.shtml
11	北京,大兴,扬沙,23,西南风,西北风,4-5级,3-4级,23,23,http://www.weather.com.cn/weather/101011100.shtml
12	北京,房山,扬沙,23,西南风,西北风,<3级,23,23,http://www.weather.com.cn/weather/101011200.shtml
13	北京,密云,扬沙,23,南风,西风,3-4级,<3级,23,23,http://www.weather.com.cn/weather/101011300.shtml
14	北京,门头沟,扬沙,23,西北风,西北风,4-5级,3-4级,23,23,http://www.weather.com.cn/weather/101011400.shtml
15	北京,平谷,扬沙,23,西北风,西北风,3-4级,3-4级,23,23,http://www.weather.com.cn/weather/101011500.shtml
16	北京,东城,扬沙,22,西北风,西北风,4-5级,3-4级,22,22,http://www.weather.com.cn/weather/101011600.shtml
17	北京,西城,扬沙,23,西北风,西北风,5-6级,3-4级,23,23,http://www.weather.com.cn/weather/101011700.shtml
18	天津,天津,阵雨,24,西南风,西风,6-7级,6-7级,24,24,http://www.weather.com.cn/weather/101030100.shtml
19	天津,武清,阵雨,24,西南风,西风,6-7级,6-7级,24,24,http://www.weather.com.cn/weather/101030200.shtml
20	天津,宝坻,阵雨,23,南风,西风,6-7级,6-7级,23,23,http://www.weather.com.cn/weather/101030300.shtml
21	天津,东丽,阵雨,24,西南风,西风,6-7级,6-7级,24,24,http://www.weather.com.cn/weather/101030400.shtml
22	天津,西青,阵雨,24,西南风,西风,6-7级,6-7级,24,24,http://www.weather.com.cn/weather/101030500.shtml
23	天津,北辰,阵雨,24,西南风,西风,6-7级,6-7级,24,24,http://www.weather.com.cn/weather/101030600.shtml
24	天津,宁河,阵雨,23,南风,西风,6-7级,6-7级,23,23,http://www.weather.com.cn/weather/101030800.shtml
25	天津,和平,阵雨,24,西南风,西风,6-7级,6-7级,24,24,http://www.weather.com.cn/weather/101030800.shtml
26	天津,静海,阵雨,24,西南风,西风,6-7级,6-7级,24,24,http://www.weather.com.cn/weather/101030900.shtml
27	天津,津南,阵雨,25,西南风,西风,6-7级,6-7级,25,25,http://www.weather.com.cn/weather/101031000.shtml
28	天津,滨海新区,阵雨,24,南风,西风,6-7级,6-7级,24,24,http://www.weather.com.cn/weather/101031100.shtml
29	天津,河东,阵雨,24,西南风,西风,6-7级,6-7级,24,24,http://www.weather.com.cn/weather/101031200.shtml
30	天津,河西,阵雨,24,西南风,西风,6-7级,6-7级,24,24,http://www.weather.com.cn/weather/101031300.shtml
31	天津,蓟州,阵雨,23,南风,西风,6-7级,6-7级,23,23,http://www.weather.com.cn/weather/101031400.shtml
32	天津,南开,阵雨,24,西南风,西风,6-7级,6-7级,24,24,http://www.weather.com.cn/weather/101031500.shtml

图 1-11　效果截图（2）

工作实施

按照制订的最佳方案进行项目开发，填充相应的工作流程内容。

评价反馈

各自完成学习情境的开发并展示作品，介绍任务的完成过程，作品展示前应准备阐述材料，并完成评价。

1. 学生进行自我评价（见表 1-7）

表 1-7　学生自评表

班级：	姓名：		学号：	
学习情境	使用 Requests+BeautifulSoup4+CSV 爬取天气预报数据			
评价项目	评价标准		分值	得分
Python 环境管理	能正确、熟练使用 Python 工具管理开发环境		10	
解读网页结构	能正确、熟练使用网页工具解读网页结构		10	
方案制作	能根据技术能力快速、准确地制订工作方案		10	
采集网页源代码	能根据方案正确、熟练地采集网页源数据		15	
解析网页数据	能根据方案正确、熟练地解析网页数据		15	
数据存储操作	能根据方案正确、熟练地存储采集到的数据		15	
项目开发能力	根据项目开发进度及应用状态评价开发能力		10	
工作质量	根据项目开发过程及成果评定工作质量		15	
合计			100	

2. 学生展示过程中，以个人为单位，对以上学习情境过程与结果进行互评（见表 1-8）。

表 1-8　学生互评表

学习情境		使用 Requests+BeautifulSoup4+CSV 爬取天气预报数据									
评价项目	分值	等级							评价对象			
									1	2	3	4
计划合理	10	优	10	良	9	中	8	差	6				
方案准确	10	优	10	良	9	中	8	差	6				
工作质量	20	优	20	良	18	中	15	差	12				

（续表）

评价项目	分值	等级								评价对象			
										1	2	3	4
工作效率	15	优	15	良	13	中	11	差	9				
工作完整	10	优	10	良	9	中	8	差	6				
工作规范	10	优	10	良	9	中	8	差	6				
识读报告	10	优	10	良	9	中	8	差	6				
成果展示	15	优	15	良	13	中	11	差	9				
合计	100												

3. 教师对学生工作过程和工作结果进行评价（见表 1-9）。

表 1-9　教师综合评价表

班级：　　　　　　　姓名：　　　　　　　学号：

学习情境		使用 Requests+BeautifulSoup4+CSV 爬取天气预报数据		
评价项目		评价标准	分值	得分
考勤（20%）		无无故迟到、早退、旷课现象	20	
工作过程（50%）	环境管理	能正确、熟练使用 Python 工具管理开发环境	5	
	方案制作	能根据技术能力快速、准确地制订工作方案	5	
	数据采集	能根据方案正确、熟练地采集网页源数据	10	
	数据解析	能根据方案正确、熟练地解析网页数据	10	
	数据存储	能根据方案正确、熟练地存储采集到的数据	10	
	工作态度	态度端正，工作认真、主动	5	
	职业素质	能做到安全、文明、合法，爱护环境	5	
项目成果（30%）	工作完整	能按时完成任务	5	
	工作质量	能按计划完成工作任务	15	
	识读报告	能正确识读并准备成果展示各项报告材料	5	
	成果展示	能准确表达、汇报工作成果	5	
合计			100	

拓展思考

1. 网络爬虫实施前应注意哪些问题？

2. Requests 网络请求时可能会出现哪些情况？

3. BeautifulSoup4 解析网页数据结构是否和网页调试时不同？

学习情境 1.2　使用 Mechanize+BeautifulSoup4+CSV 爬取百度搜索结果数据

学习情境描述

1. 教学情境

通过教师讲授 Mechanize、BeautifulSoup4、CSV 技术的应用等相关知识，学习如何使用 Mechanize 模拟浏览器进行网页操作，并根据网页结构反馈和用户行为操作获取相关网页源数据；使用 BeautifulSoup4 根据网页源代码提取目标数据；使用 CSV 将程序过程数据持久化地存储于本地。

2. 关键知识点

（1）Mechanize 环境管理。

（2）Mechanize 框架理解。

（3）Mechanize 模拟浏览器。

（4）Mechanize 模拟用户操作。

（5）Urllib2 框架理解。

（6）BeautifulSoup4 数据结构化解析。

（7）CSV 文件数据操作。

3. 关键技能点

（1）Mechanize 环境管理。

（2）Mechanize 模拟浏览器。

（3）Mechanize 模拟用户操作。

（4）BeautifulSoup4 数据解析。

（5）CSV 本地文件数据存储。

学习目标

1. 理解网页交互的原理。

2. 掌握 HTTP 网络交互及携带信息。

3. 掌握 Python 模块库（Mechanize、BeautifulSoup4、CSV）安装管理应用。

4. 能使用 Mechanize 模拟浏览器发起 HTTP 请求访问。

5. 能使用 Mechanize 模拟用户行为操作并获取网页源数据。

6. 能根据 HTML 源代码结构使用 BeautifulSoup4 获取对应节点对象。

7. 能使用 BeautifulSoup4 获取对应节点的相关属性及内容数据。

8. 能使用 CSV 模块存储程序过程中的数据到本地文件。

任 务 书

1. 完成通过 pip 命令安装及管理 Mechanize、BeautifulSoup4、CSV 库。

2. 完成通过 Mechanize 模拟浏览器访问百度资讯搜索首页，并模拟用户搜索行为，获取百度资讯搜索结果网页源代码。

3. 完成通过 BeautifulSoup4 结构化网页，并获取对应搜索结果数据。

4. 完成通过 CSV 将解析到的搜索结果数据本地结构化存储。

获取信息

引导问题 1：什么是模拟浏览器操作？模拟浏览器操作相关原理是什么？

_____

_____

_____

引导问题 2：浏览器都有哪些操作？这些操作的意义是什么？

_____

_____

_____

引导问题 3：模拟浏览器操作，我们需要准备什么？

_____

引导问题 4：使用什么技术获取源数据？如何获取源数据？

_____

_____

_____

引导问题 5：如何解析网页源数据？使用什么技术结构化网页并获取数据？如何获取网页数据中的节点？如何获取节点的属性和内容？

_____

_____

_____

_____

引导问题 6：使用什么技术做本地数据存储？本地存储哪些数据？如何存储数据到本地？

_____

_____

_____

_____

_____

工作计划

1. 制订工作方案（见表 1-10）

根据获取到的信息进行方案预演，选定目标，明确执行过程。

表 1-10　工作方案

步骤	工作内容
1	
2	
3	
4	
5	
6	
7	
8	

2. 写出此工作方案执行的网络爬虫工作原理

_____

_____

3. 列出工具清单（见表 1-11）

列出本次实施方案中所需要用到的软件工具。

表 1-11　工具清单

序号	名称	版本	备注
1			
2			
3			
4			
5			
6			
7			
8			

4. 列出技术清单（见表 1-12）

列出本次实施方案中所需要用到的软件技术。

表 1-12　技术清单

序号	名称	版本	备注
1			
2			
3			
4			
5			
6			
7			
8			

进行决策

1. 根据引导、构思、计划等，各自阐述自己的设计方案。
2. 对其他人的设计方案提出自己不同的看法。
3. 教师结合大家完成的情况进行点评，选出最佳方案，并写出最佳方案。

_____

_____

知识准备

为了实现任务目标"使用 Mechanize+BeautifulSoup4+CSV 爬取百度搜索结果数据"，需要学习的知识与技能如图 1-12 所示。

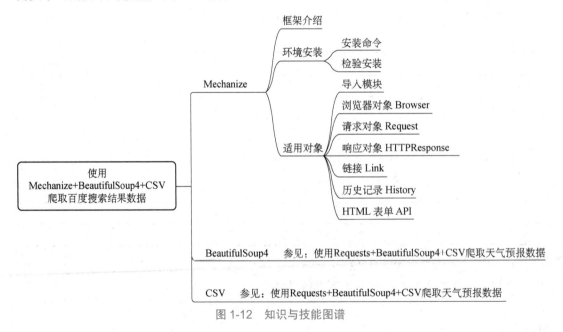

图 1-12　知识与技能图谱

1.2.1　Mechanize

1. Mechanize 框架介绍

Mechanize 是对 Urllib2 的部分功能的替换，能够更好地模拟浏览器行为，在 Web 访问控制方面做得更全面。它支持 Protocol、Cookie、Redirection，再结合 BeautifulSoup 和 re 模块，可以非常有效地解析 Web 页面。

Mechanize 的介绍
与安装

2. Mechanize 环境安装

在 Python 中要使用相关库或模块内容，需要它们在 Python 管理环境中已存在。Mechanize 框架属于第三方框架，不能直接使用，需要使用工具进行安装。

（1）使用命令安装 Mechanize 库

```
$ pip install mechanize
```

Mechanize 库在安装的时候会自动检查 Mechanize 库的运行依赖环境是否已安装，主要检测框架有 html5lib 框架、webencodings 框架、six 框架。当发现依赖的框架并未安装时，Mechanize 框架安装过程会自动将这些框架下载并安装上。

当进度达到 100%，并且提示"Successfully installed Mechanize-*.*.*"时，表示安装成功，可以在程序中导入使用了。

（2）检验安装

Mechanize 框架可以使用 pip 命令安装，也可以使用 pip 命令检验安装状态，以下是具体操作：

```
$ pip list
```

在已安装列表中显示了 Mechanize 0.4.5，表明版本为 0.4.5 的 Mechanize 库安装成功。

3. Mechanize 使用方法

使用 Mechanize 模拟浏览器访问对应网页并模拟用户行为操作非常简单，接下来我们熟悉一下其中相关知识点与技能点。

（1）导入模块

Mechanize 使用

```
import mechanize
```

（2）浏览器对象（Browser）

Mechanize 的 API 操作均以其浏览器 API 为核心，以下是 Browser 相关类的构建及应用。

```
class mechanize.Browser(history=None, request_class=None, content_parser=None, factory_class=<class mechanize._html.Factory>, allow_xhtml=False)
```

部分参数介绍如下（注：函数中有些参数未列出）。

● BrowserStateError：每当浏览器处于错误状态以完成请求的操作时（例如，当浏览器历史记录为空或 follow_link()，想要使用方法 back() 时，当当前响应不包含 HTML 数据时）调用。

● Request：当前请求（mechanize.Request）。

- Form：当前选定的窗体（select_form()）。
- history：用于实现 mechanize.History 接口。注意，这个接口仍然是实验性的，将来可能会改变。此对象归浏览器实例所有，不能在浏览器之间共享。
- request_class：请求类使用，默认为 mechanize.Request。
- content_parser：负责解析接收到的 HTML/XHTML 内容的函数。利用 mechanize._html.content_parser()函数可以获取有关此函数必须支持的接口的详细信息。
- factory_class：要使用的 HTML 工厂类，默认为 mechanize.Factory。

浏览器对象 Browser 可以模拟用户进行网页操作，比如数据填充、事件触发等。表 1-13 是 Browser 对象所具有的 API 函数。

表 1-13　Browser 对象的 API 函数

API 名称	参数	意义
add_client_certificate	url, key_file, cert_file	为 HTTPS 客户端身份验证添加一个 SSL 客户端证书
back	n=1	返回历史中的 n 个步骤，并返回响应对象
click	*args, **kwds	返回单击控件所产生的请求
click_link	link=None, **kwds	找到一个链接并返回它的请求对象
cookiejar	属性对象,无参数	返回当前的 cookiejar 或者 None
find_link	text=None, text_regex=None, name=None, name_regex=None e,url=None, url_regex=None, tag=None, predicate=None, nr=0	在当前页面中查找链接。 示例：find_link(text_regex=re.compile("python"),nr=2) find_link(text="monty python",url_regex=re.compile("http.*python.org"))
follow_link	link=None, **kwds	找到一个链接并打开它
forms	无	返回所有 Form 的可迭代对象
geturl	无	获取当前文档的 URL
global_form	无	返回全局表单对象，如果工厂实现未提供全局表单对象，则返回"无"
links	**kwds	通过链接返回 iterable（mechanize.Link 对象）
open	url_or_request, data=None, timeout=<object object>	打开一个 URL，加载页面，以便以后可以使用 forms()、links()等
open_novisit	url_or_request, data=None, timeout=<object object>	打开一个 URL 而不访问它
reload	无	重新加载当前文档，并返回响应对象
response	无	返回当前响应的副本
retrieve	fullurl, filename=None, reporthook=None, data=None, timeout=<object object>, open=<built-in function open>	返回（文件名、头信息）

（续表）

API 名称	参数	意义
select_form	name=None, predicate=None, nr=None, **attrs	选择要输入的 HTML 表单
set_ca_data	cafile=None, capath=None, ca data=None, context=None	设置用于连接到 SSL 服务器的 SSL 上下文
set_cookie	cookie_string	设置一个 Cookie
set_cookiejar	cookiejar	设置一个 Mechanize cookiejar，或不设置
set_debug_http	handle	将 HTTP 头打印到 sys.stdout
set_debug_redirects	handle	有关 HTTP 重定向（包括刷新）的日志信息
set_debug_responses	handle	记录 HTTP 响应主体
set_handle_equiv	handle, head_parser_class=No ne	设置是否将 HTML HTTP EQUIV 头视为 HTTP 头
set_handle_gzip	handle	向服务器添加头，指示我们处理 gzip 内容编码
set_handle_redirect	handle	设置是否处理 HTTP 30X 重定向
set_handle_referer	handle	设置是否向每个请求添加引用头
set_handle_refresh	handle	设置是否处理 HTTP 刷新头
set_handle_robots	handle	设置是否遵守 robots.txt 中的规则
set_handled_schemes	schemes	设置 URL 方案（协议）字符串的序列
set_header	header, value=None	设置标题值的方法 self.addheaders 以便自动发送带有所有请求的头
set_html	html, url='http://example.com/'	使用给定的 HTML 和 URL（如果给定）将响应设置为 dummy
set_proxies	proxies=None, proxy_bypass=None	配置代理设置
set_proxy_password_manager	password_manager	设置 mechanize.httpproxypasswordmgr 或无
set_request_gzip	handle	向服务器添加头，指示我们处理 gzip 内容编码
set_response	response	将当前响应替换为响应（副本）
submit	*args, **kwds	提交当前表单
title	无	返回标题，如果文档中没有标题元素，则返回无标题
viewing_html	无	返回当前响应是否包含 HTML 数据

（3）请求对象（Request）

对某些网络资源的请求对象，代码如下：

```
class mechanize.Request(url, data=None, headers={}, origin_req_host=None,
unverifiable=False, visit=None, timeout=<object object>, method=None)
```

注意：如果你将方法指定为"get"，将数据指定为 dict，那么它将自动附加到 URL。如果将方法保留为"无"，则该方法将自动设置为 post，数据将成为 post 请求的一部分。

部分参数说明如下。

● url：请求的 URL 地址。

● data：与此请求一起发送的数据，可以是将被编码并作为 application/x-www-form-urlencoded 数据发送的字典，也可以是将按原样发送的 bytestring。如果使用 bytestring，应该适当地设置 content-type 头。

● headers：要与此请求一起发送的邮件头。

● method：用于 HTTP 请求的方法。如果未指定，Mechanize 将根据需要选择"自动获取"或"自动发布"。

● timeout：超时（秒）。

请求对象 Request 可在模拟浏览器发起网页请求时添加相关设置，比如请求地址、请求参数、请求头信息等，Mechanize 发起请求本质上就是传输 Request 对象数据到服务器。表 1-14 是 Request 对象所具有的 API 函数。

表 1-14　Request 对象的 API 函数

API 名称	参数	意义
add_data	data	设置与此请求一起发送的数据（字符串）
add_header	key, val=None	如果需要，添加指定的头，替换现有的头。如果 val 为"None"，则拆下收割台
add_unredirected_header	key, val	等同于 add_header()，但对于重定向的请求，不会发送此头
get_data	无	与此请求一起发送的数据
get_header	header_name, default=None	获取指定头的值。如果不在，则返回 default
get_method	无	用于 HTTP 请求的方法
has_data	无	是否有一些数据要与此请求一起发送
has_header	header_name	检查指定的头是否存在
set_data	data	设置与此请求一起发送的数据（字符串）

（4）响应对象（HTTPResponse）

Mechanize 中的响应对象是能够被搜索到的对象，类似于支持一些附加方法的对象，这取决于用于连接的协议。

```
class mechanize._mechanize.HTTPResponse
```

响应对象 HTTPResponse 是网络请求的响应数据封装对象，可通过此对象对响应内容进行提取，比如获取网页请求状态、网页源代码等。表 1-15 是 HTTPResponse 对象所具有的 API 函数和属性。

表 1-15　HTTPResponse 对象的 API 函数

API 名称	参数	意义
code	属性值,无参数	HTTP 状态代码
getcode	无	返回 HTTP 状态代码
geturl	无	返回检索到的资源的 URL,通常用于确定是否遵循了重定向
get_all_header_names	normalize=True	返回所有标题名称的列表
get_all_header_values	name, normalize=True	返回指定头的所有值的列表 name（不区分大小写）。由于 HTTP 中的头可以多次指定,因此返回的值始终是一个列表
info	无	将响应的头作为返回 rfc822.Message 实例
get	header_name, default=None	返回指定的头值

（5）链接（Link）与历史记录（History）

①HTML 文档中的链接。

```
class mechanize.Link(base_url, url, text, tag, attrs)
```

Link 拥有如表 1-16 所示的变量。

表 1-16　Link 变量

变量名称	意义
absolute_url	绝对链接 URL
url	链接 URL
base_url	用于解析此链接的基 URL
text	链接文本
tag	链接标记名称
attrs	标签属性

②浏览器访问历史记录。

```
class mechanize.History
```

记录模拟浏览器访问网页时的操作历史记录,可以调用 Browser 的 back()函数返回,等同于浏览器中的 Backspace 按键或 back 效果。

（6）HTML 表单 API

HTML 文档中的表单表示为 mechanize.HTMLForm。每个窗体都是控件的集合。不同类型的控件由下面记录的不同类别表示。

①HTMLForm。

```
class mechanize.HTMLForm(action, method='GET', enctype='application/x-www-
form-urlencoded', name=None, attrs=None, request_class=<class 'mechanize._
```

```
request.Request'>, forms=None, labels=None, id_to_labels=None, encoding=None)
```

HTMLForm 表示单个 HTML <form>···<form>元素。表单由一系列控件组成，这些控件通常具有名称，并且可以具有各种值。各种类型控件的值代表不同的值：文本、零或多个选项中的一个或多个选项，以及要上传的文件。可以单击某些控件提交表单，表单可以填写要返回到服务器的数据，然后提交。

通常，该方法不会直接创建 HTMLForm 实例。

样例 1-7：演示 HTMLForm 的基本操作。

网页源代码如下：定义一个名为 "cheeses" 的复选框控件，该控件有两个项，分别名为 "leicester" 和 "cheddar"。

```
<INPUT type="CHECKBOX" name="cheeses" value="leicester"></INPUT>
<INPUT type="CHECKBOX" name="cheeses" value="cheddar"></INPUT>
```

要选择、取消选择或以其他方式操作单个列表项，请使用 mechanize.HTMLForm.find_control()和 mechanize.ListControl.get()方法。要设置整个值，可使用索引或 set_value/get_value 方法。代码如下：

```
# select *only* the item named "cheddar"
form["cheeses"] = ["cheddar"]
# select "cheddar", leave other items unaffected
form.find_control("cheeses").get("cheddar").selected = True
```

某些控件（不带 "多属性" 的 "单选" 和 "选择"）一次只能选择零或一个选项。某些控件（复选框和具有多个属性的 Select）一次可以选择多个选项。要设置 ListControl 的整个值，请将序列分配给表单索引：

```
form["cheeses"] = ["cheddar", "leicester"]
```

HTMLForm 拥有如表 1-17 所示变量。

表 1-17　HTMLForm 变量

变量名称	意义
action	完全（绝对 URI）表单操作
method	"get" 或 "post"
enctype	表单传输编码 MIME 类型
name	表单名称（如果未指定名称，则无）
attrs	将原始 HTML 表单属性映射到其值的字典
controls	控件实例列表；不要更改此列表（相反，调用 form.new_control 生成控件并将其添加到表单中，或者如果已经有控件实例，则调用 control.add_to_表单）

表单对象 HTMLForm 可持有网页表单的数据及操作，支持用户填充内容、提交表单及交互操作。表 1-18 是 HTMLForm 对象所具有的 API 函数。

表 1-18　HTMLForm 对象的 API 函数

API 名称	参数	意义
add_file	file_object, content_type=None, filename=None, name=None, id=None, nr=None, label=None	添加要上传的文件
clear	name=None, type=None, kind=None, id=None, nr=None, label=None	清除控件的值属性
clear_all	无	清除窗体中所有控件的值属性
click	name=None, type=None, id=None, nr=0, coord=(1, 1), request_class=<class 'mechanize._request.Request'>, label=None	返回单击控件所产生的请求
click_pairs	name=None, type=None, id=None, nr=0, coord=1, 1, label=None	click 请求数据，返回（key、value）键值对的列表
click_request_data	name=None, type=None, id=None, nr=0, coord=(1, 1), request_class=<class 'mechanize._request.Request'>, label=None	click 方法，但返回一个元组（url、data、headers）
find_control	name=None, type=None, kind=None, id=None, predicate=None, nr=None, label=None	找到并返回表单中的某些特定控件
fixup	无	添加所有控件后使窗体正常化
get_value	name=None, type=None, kind=None, id=None, nr=None, by_label=False, label=None	控件的返回值
get_value_by_label	name=None, type=None, kind=None, id=None, label=None, nr=None	所有参数都应按名称传递
new_control	type, name, attrs, ignore_unknown=False, select_default=False, index=None	向窗体中添加新控件
set	selected, item_name, name=None, type=None, kind=None, id=None, nr=None, by_label=False, label=None	选择/取消选择命名列表项
set_value	value, name=None, type=None, kind=None, id=None, nr=None, by_label=False, label=None	设置控件的值
set_value_by_label	value, name=None, type=None, kind=None, id=None, label=None, nr=None	所有参数都应按名称传递
toggle	item_name, name=None, type=None, kind=None, id=None, nr=None, by_label=False, label=None	切换已命名列表项的选定状态

②Control。

```
class mechanize.Control(type, name, attrs, index=None)
```

Control 是 HTML 表单控件。根据其内容有如下相关子控件：ScalarControl、TextControl、FileControl、IgnoreControl、ListControl、RadioControl、CheckboxControl、SelectControl、SubmitControl、ImageControl。

Control 拥有如表 1-19 所示变量。

表 1-19　Control 的变量

变量名称	意　　义
type	描述控件类型的字符串
name	控件名称
value	控制的当前值
disabled	禁用状态
readonly	只读状态
id	ID HTML 属性值

表 1-20 是 Control 对象所具有的 API 函数。

表 1-20　Control 对象的 API 函数

API 名称	参　　数	意　　义
get_labels	无	返回此控件的所有标签
pairs	无	返回适合传递到 URLENCODE 的键值对的列表

4. Mechanize 快速应用案例

样例 1-8：演示 Mechanize 访问网站。

```python
import re
import mechanize

br = mechanize.Browser()
br.open("http://www.example.com/")
# follow second link with element text matching regular expression
response1 = br.follow_link(text_regex=r"cheese\s*shop", nr=1)
print(br.title())
print(response1.geturl())
print(response1.info())  # headers
print(response1.read())  # body


br.select_form(name="order")
# Browser passes through unknown attributes(including methods)
# to the selected HTMLForm.
br["cheeses"] = ["mozzarella", "caerphilly"]  #(the method here is __setitem__)
# Submit current form. Browser calls .close()on the current response on
# navigation, so this closes response1
response2 = br.submit()

# print currently selected form(don't call .submit()on this, use br.submit())
print(br.form)
```

```
response3 = br.back() # back to cheese shop(same data as response1)
# the history mechanism returns cached response objects
# we can still use the response, even though it was .close()d
response3.get_data() # like .seek(0)followed by .read()
response4 = br.reload() # fetches from server

for form in br.forms():
    print(form)
# .links()optionally accepts the keyword args of .follow_/.find_link()
for link in br.links(url_regex="python.org"):
    print(link)
    br.follow_link(link) # takes EITHER Link instance OR keyword args
    br.back()
```

样例 1-9：演示 Mechanize 访问网站，并控制浏览器访问策略。

```
br = mechanize.Browser()
# Explicitly configure proxies(Browser will attempt to set good defaults).
# Note the userinfo("joe:password@")and port number(":3128")are optional.
br.set_proxies({"http": "joe:password@myproxy.example.com:3128",
               "ftp": "proxy.example.com",
               })
# Add HTTP Basic/Digest auth username and password for HTTP proxy access.
#(equivalent to using "joe:password@..." form above)
br.add_proxy_password("joe", "password")
# Add HTTP Basic/Digest auth username and password for website access.
br.add_password("http://example.com/protected/", "joe", "password")
# Add an extra header to all outgoing requests, you can also
# re-order or remove headers in this function.
br.finalize_request_headers = lambda request, headers: headers.__setitem__(
  'My-Custom-Header', 'Something')
# Don't handle HTTP-EQUIV headers(HTTP headers embedded in HTML).
br.set_handle_equiv(False)
# Ignore robots.txt. Do not do this without thought and consideration.
br.set_handle_robots(False)
# Don't add Referer(sic)header
br.set_handle_referer(False)
# Don't handle Refresh redirections
br.set_handle_refresh(False)
# Don't handle cookies
br.set_cookiejar()
# Supply your own mechanize.CookieJar(NOTE: cookie handling is ON by
# default: no need to do this unless you have some reason to use a
# particular cookiejar)
br.set_cookiejar(cj)
```

```
# Tell the browser to send the Accept-Encoding: gzip header to the server
# to indicate it supports gzip Content-Encoding
br.set_request_gzip(True)
# Do not verify SSL certificates
import ssl
br.set_ca_data(context=ssl._create_unverified_context(cert_reqs=ssl.CERT
_NONE))
# Log information about HTTP redirects and Refreshes.
br.set_debug_redirects(True)
# Log HTTP response bodies(i.e. the HTML, most of the time).
br.set_debug_responses(True)
# Print HTTP headers.
br.set_debug_http(True)

# To make sure you're seeing all debug output:
logger = logging.getLogger("mechanize")
logger.addHandler(logging.StreamHandler(sys.stdout))
logger.setLevel(logging.INFO)

# Sometimes it's useful to process bad headers or bad HTML:
response = br.response() # this is a copy of response
headers = response.info() # this is a HTTPMessage
headers["Content-type"] = "text/html; charset=utf-8"
response.set_data(response.get_data().replace("<!---", "<!--"))
br.set_response(response)
```

相关案例

按照本单元所涉及的知识面及知识点，准备下一步工作实施的参考案例，展示项目案例"使用 Mechanize+BeautifulSoup4+CSV 爬取百度搜索结果数据"的实施过程。

按照网络爬虫的实际项目开发过程，以下展示的是具体流程。

获取百度资讯搜索
结果数据

1. 确定数据源

本次的爬虫目的是模拟浏览器访问百度资讯首页，并模拟用户操作输入搜索关键字，单击"百度一下"按钮，获取百度资讯搜索结果数据。

针对本次的网络爬虫目的，我们将 URL 地址定位到百度资讯首页（https://www.baidu.com/?tn=news），首页如图 1-13 所示。在搜索框输入字段"Mechanize"，单击"百度一下"按钮，定位网页到搜索结果页面（https://www.baidu.com/s?wd=Mechanize&rsv_spt=1&rsv_iqid=0x805dd 3d7000337d8&issp=1&f=8&rsv_bp=1&rsv_idx=2&ie=utf-8&tn=news&rsv_enter=1&rsv_dl=tb&rsv_sug3=10&rsv_sug1=9&rsv_sug7=100&rsv_sug2=0&rsv_btype=i&prefixsug=Mechanize&rsp=4&inputT=3348&rsv_sug4=3890），页面内容如图 1-14 所示。

图 1-13　百度资讯首页

图 1-14　百度资讯搜索结果页

2. 确定目标数据

根据确定的目标数据源，对照目标获取百度资讯搜索结果数据，所以我们截取网页列表中搜索结果数据，如图 1-15 所示，并根据内容明确要提取的详情字段分别有标题、链接、相关描述。

3. 安装环境

本次项目使用环境有：

- 本地语言环境：Python 3.8。
- 编译工具：PyCharm 2.21.2。

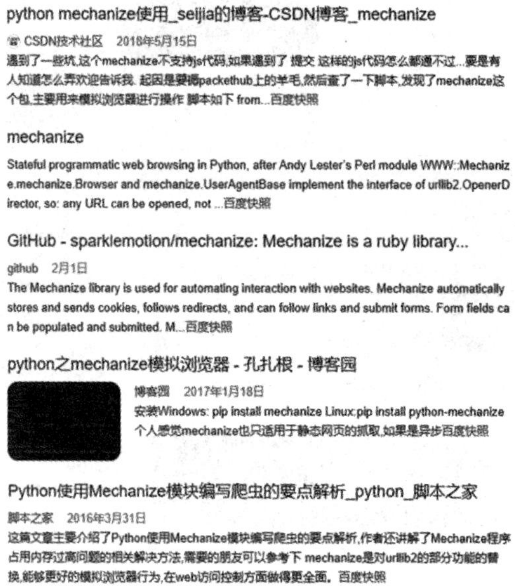

python mechanize使用_seijia的博客-CSDN博客_mechanize

CSDN技术社区　2018年5月15日

遇到了一些坑，这个mechanize不支持js代码,如果遇到了提交 这样的js代码怎么都遇不过...要是有人知道怎么弄欢迎告诉我。起因是要撸packethub上的羊毛,然后查了一下脚本,发现了mechanize这个包,主要用来模拟浏览器进行操作 脚本如下 from...百度快照

mechanize

Stateful programmatic web browsing in Python, after Andy Lester's Perl module WWW::Mechanize.mechanize.Browser and mechanize.UserAgentBase implement the interface of urllib2.OpenerDirector, so: any URL can be opened, not ...百度快照

GitHub - sparklemotion/mechanize: Mechanize is a ruby library...

github　2月1日

The Mechanize library is used for automating interaction with websites. Mechanize automatically stores and sends cookies, follows redirects, and can follow links and submit forms. Form fields can be populated and submitted. M...百度快照

python之mechanize模拟浏览器 - 孔扎根 - 博客园

博客园　2017年1月18日

安装Windows: pip install mechanize Linux:pip install python-mechanize 个人感觉mechanize也只适用于静态网页的抓取,如果是异步百度快照

Python使用Mechanize模块编写爬虫的要点解析_python_脚本之家

脚本之家　2016年3月31日

这篇文章主要介绍了Python使用Mechanize模块编写爬虫的要点解析,作者还讲解了Mechanize程序占用内存过高问题的相关解决方法,需要的朋友可以参考下 mechanize是对urllib2的部分功能的替换,能够更好的模拟浏览器行为,在web访问控制方面做得更全面。百度快照

图 1-15　百度资讯搜索结果数据

- 网络请求框架：Mechanize 0.4.5。
- 网页解析框架：BeautifulSoup4 4.9.1。
- 数据存储框架：CSV。

为确保正常开发，需明确相关环境（Requests、BeautifulSoup4、CSV）已正常准备，可以使用 pip 命令进行环境安装，以下是具体操作：

```
$ pip install beautifulsoup4
$ pip install mechanize
```

可以使用 pip 命令的方式验证，以下是具体操作：

```
$ pip list
Package                            Version
---------------------------------- --------------------
alabaster                          0.7.12

...(省略无关库/模块内容)

bcrypt                             3.1.7
beautifulsoup4                      4.9.1
bitarray                           1.4.0

...(省略无关库/模块内容)

mccabe                             0.6.1
mechanize                           0.4.5
```

```
menuinst                              1.4.16
...(省略无关库/模块内容)
```

在查找结果中能找到 BeautifulSoup4 和 Mechanize，即代表当前环境已准备好。

4. 构建项目

在准备工作都完成之后，即可通过工具 PyCharm 构建项目，并开始进行项目开发了。

我们使用 PyCharm 构建基本 Python 项目"Learning_Situation_2"，如图 1-16、图 1-17 所示。

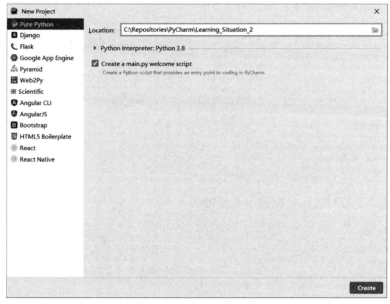

图 1-16　构建 Python 项目（1）

图 1-17　构建 Python 项目（2）

5. 编写网页爬虫程序

在创建的项目"Learning_Situation_2"中构建网页爬虫程序，以下是具体操作步骤。

（1）构建可执行文件

创建网络爬虫可执行文件"spider_baidu_search.py"，效果如图 1-18 所示。

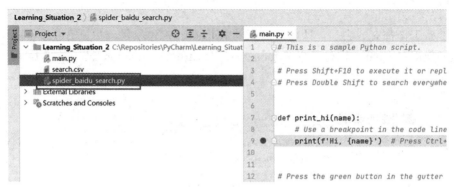

图 1-18 构建 spider_baidu_search.py

（2）导入模块

```python
import mechanize
from fake_useragent import UserAgent
```

（3）构建浏览器对象，并配置浏览器策略

```python
# User-Agent
headers = [('User-Agent', UserAgent().random)]


# 初始化并建立一个浏览器对象
def init_mechanize():
    # Browser
    # 创建一个浏览器实例
    br = mechanize.Browser()

    # options
    # 设置是否处理 HTML http-equiv 头
    br.set_handle_equiv(True)
    # 设置是否处理 giz 传输编码
    br.set_handle_gzip(True)
    # 设置是否处理重定向
    br.set_handle_redirect(True)
    # 设置是否向每个请求添加 referer 头
    br.set_handle_referer(True)
    # 设置是否遵守 robots 中的规则
    br.set_handle_robots(False)
    # Follows refresh 0 but not hangs on refresh > 0
```

```
    br.set_handle_refresh(mechanize.HTTPRefreshProcessor(), max_time=1)
    # debugging
    # br.set_debug_http(True)
    # br.set_debug_redirects(True)
    # br.set_debug_responses(True)

    # 设置请求头
    br.addheaders = headers
    return br
```

（4）模拟浏览器对象，访问百度资讯首页；获取搜索 Form，设置搜索关键字，并模拟用户单击操作，获取目标网页源代码。

```
# 模拟浏览器行为,获取网页
def get_data(url_data):
    br = init_mechanize()
    br.open(url_data)

    br.select_form(name='f')

    br['wd'] = 'Mechanize'

    res = br.submit()
    html = res.read().decode('UTF-8')

    # 返回网页源代码数据
    return html
```

6. 编写网页解析程序

（1）导入模块

```
from bs4 import BeautifulSoup
```

（2）构建网页解析函数

因为网页搜索的结果是以列表和分页形式展示的，所以本次获取数据为第一页的所有搜索结果列表数据；搜索结果数据有不同类型，在网页中渲染的效果和结构会有所不同，所以此处将描述内容统一归置于"描述"字段中。

构建解析程序返回的是一个列表，本次代码中使用了迭代生成器 Generator，不熟悉此类操作的同学可以使用 List 类型替换。

以下是相关操作代码：

```
# 解析网页,抓取数据
def analysis_data(html):
    soup = BeautifulSoup(html, 'lxml')
```

```
        divs = soup.find('div', id='content_left').find_all('div', class_=
'c-container')

        for div in divs:
            # 标题
            title = div.find('h3').find('a').text
            # 链接
            link = div.find('h3').find('a').attrs['href']
            # 描述
            desc = div.find('div', class_='c-row').text.strip()

            yield {
                'title': title,
                'link': link,
                'desc': desc,
            }
```

7. 编写数据存储程序

（1）导入模块

```
import csv
```

（2）构建数据存储函数

定义数据存储函数，将所有搜索结果数据存入本地文件"search.csv"中。

```
# 写入本地 csv
def write_csv(list):
    with open('search.csv', 'w', newline='', encoding='UTF-8')as file:
        writer = csv.writer(file)
        for item in list:
            writer.writerow([item['title'], item['link'], item['desc']])

        file.close()
```

8. 运行程序

（1）构建启动入口 main 函数

```
if __name__ == '__main__':
    pass
```

（2）指定网络爬虫地址 URL

```
# Request url
url = 'https://www.baidu.com/?tn=news'
```

（3）调用函数进行网络爬虫，得到本地数据文件

```
if __name__ == '__main__':
```

```
write_csv(analysis_data(get_data(url_data=url)))
```

（4）运行程序

在 PyCharm 中运行程序可通过两种方式，分别是：

① 右键运行。选中可执行文件，右键单击，选中"Run 'spider_baidu_search.py'"或 "Debug 'spider_ baidu_search.py'"。

② 脚本运行。在 Terminal 窗口中调用命令运行程序。

```
(base)C:\Repositories\PyCharm\Learning_Situation_1>python   spider_baidu_
search.py
```

9. 效果截图

运行程序，采集数据并存储于本地 search.csv 中，效果图如图 1-19～图 1-21 所示。

图 1-19 运行效果截图

图 1-20 search.csv（PyCharm）

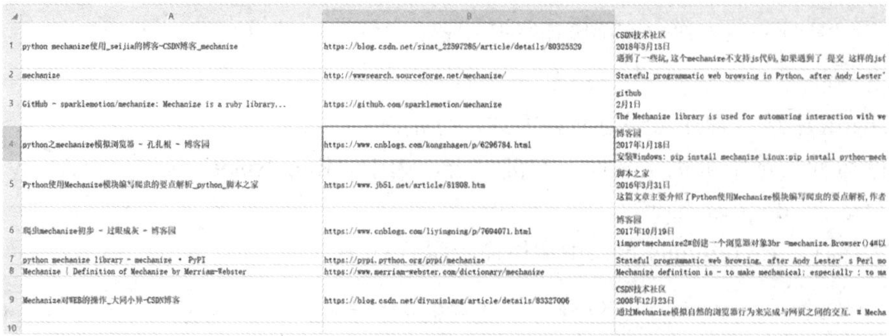

	A	B	
1	python mechanize使用_seijia的博客-CSDN博客_mechanize	https://blog.csdn.net/sinat_22597285/article/details/80325529	CSDN技术社区 2018年5月15日 遇到了一些坑，这个mechanize不支持js代码，如果遇到了 提交 这样的js(
2	mechanize	http://wwwsearch.sourceforge.net/mechanize/	Stateful programmatic web browsing in Python, after Andy Lester'
3	GitHub - sparklemotion/mechanize: Mechanize is a ruby library...	https://github.com/sparklemotion/mechanize	github 2月1日 The Mechanize library is used for automating interaction with we
4	python之mechanize模拟浏览器 - 孔扎根 - 博客园	https://www.cnblogs.com/kongzhagen/p/6296784.html	博客园 2017年1月18日 安装Windows: pip install mechanize Linux:pip install python-mech
5	Python使用Mechanize模块编写爬虫的要点解析_python_脚本之家	https://www.jb51.net/article/81808.htm	脚本之家 2016年3月31日 这篇文章主要介绍了Python使用Mechanize模块编写爬虫的要点解析,作者
6	爬虫mechanize初步 - 过眼成灰 - 博客园	https://www.cnblogs.com/liyingning/p/7694071.html	博客园 2017年10月19日 1importmechanize2#创建一个浏览器对象3br =mechanize.Browser()4#以
7	python mechanize library - mechanize · PyPI	https://pypi.python.org/pypi/mechanize	Stateful programmatic web browsing, after Andy Lester' s Perl mo
8	Mechanize | Definition of Mechanize by Merriam-Webster	https://www.merriam-webster.com/dictionary/mechanize	Mechanize definition is - to make mechanical; especially : to ma
9	Mechanize对WEB的操作_大同小异-CSDN博客	https://blog.csdn.net/diyuxinlang/article/details/83327006	CSDN技术社区 2008年12月23日 通过Mechanize模拟自然的浏览器行为来完成与网页之间的交互。# Mecha
10			

图 1-21 search.csv（Excel）

工作实施

按照制订的最佳方案进行项目开发，填充相应的工作流程内容。

评价反馈

各自完成学习情境的开发并展示作品，介绍任务的完成过程，作品展示前应准备阐述材料，并完成评价。

1. 学生进行自我评价（见表 1-21）

表 1-21 学生自评表

班级：	姓名：	学号：	
学习情境	使用 Mechanize+BeautifulSoup4+CSV 爬取百度搜索结果数据		
评价项目	评价标准	分值	得分
Python 环境管理	能正确、熟练使用 Python 工具管理开发环境	10	
解读网页结构	能正确、熟练使用网页工具解读网页结构	10	
方案制作	能根据技术能力快速、准确地制订工作方案	10	
采集网页源代码	能根据方案正确、熟练地采集网页源数据	15	
解析网页数据	能根据方案正确、熟练地解析网页数据	15	
数据存储操作	能根据方案正确、熟练地存储采集到的数据	15	
项目开发能力	根据项目开发进度及应用状态评价开发能力	10	
工作质量	根据项目开发过程及成果评定工作质量	15	
合计		100	

2. 学生展示过程中，以个人为单位，对以上学习情境过程与结果进行互评（见表 1-22）。

表 1-22　学生互评表

学习情境		使用 Mechanize+BeautifulSoup4+CSV 爬取百度搜索结果数据											
评价项目	分值	等级								评价对象			
										1	2	3	4
计划合理	10	优	10	良	9	中	8	差	6				
方案准确	10	优	10	良	9	中	8	差	6				
工作质量	20	优	20	良	18	中	15	差	12				
工作效率	15	优	15	良	13	中	11	差	9				
工作完整	10	优	10	良	9	中	8	差	6				
工作规范	10	优	10	良	9	中	8	差	6				
识读报告	10	优	10	良	9	中	8	差	6				
成果展示	15	优	15	良	13	中	11	差	9				
合计	100												

3. 教师对学生工作过程和工作结果进行评价（见表 1-23）。

表 1-23　教师综合评价表

班级：		姓名：	学号：	
学习情境		使用 Mechanize+BeautifulSoup4+CSV 爬取百度搜索结果数据		
评价项目		评价标准	分值	得分
考勤（20%）		无无故迟到、早退、旷课现象	20	
工作过程（50%）	环境管理	能正确、熟练使用 Python 工具管理开发环境	5	
	方案制作	能根据技术能力快速、准确地制订工作方案	5	
	数据采集	能根据方案正确、熟练地采集网页源数据	10	
	数据解析	能根据方案正确、熟练地解析网页数据	10	
	数据存储	能根据方案正确、熟练地存储采集到的数据	10	
	工作态度	态度端正，工作认真、主动	5	
	职业素质	能做到安全、文明、合法，爱护环境	5	
项目成果（30%）	工作完整	能按时完成任务	5	
	工作质量	能按计划完成工作任务	15	
	识读报告	能正确识读并准备成果展示各项报告材料	5	
	成果展示	能准确表达、汇报工作成果	5	
合计			100	

拓展思考

1. Mechanize 存在的意义是什么？

2. Mechanize 还可以做哪些浏览器操作？

3. Mechanize 获取的网页源数据和 Requests 获取的网页源数据有何不同？

学习情境 1.3 使用 Scrapy+XPath+PyMySQL 爬取汽车销售分页数据

学习情境描述

1. 教学情境

通过教师讲授的 Scrapy、XPath、PyMySQL 技术的应用等相关知识,学习如何在实际静态网页数据采集中应用 Scrapy 直接/级联获取单条/批量网页源数据;使用 XPath 规则匹配网页节点提取目标数据;使用 PyMySQL 把过程结构化数据存储于本地 MySQL 数据库中。这是比 Requests 网络爬虫更为复杂且完善的数据采集框架应用与实施场景。

2. 关键知识点

(1) Python 库环境管理。

(2) Scrapy 框架原理。

(3) Twisted 异步网络请求。

(4) XPath 结构化文档解析。

(5) MySQL 数据库操作。

(6) PyMySQL 结构化存储。

3. 关键技能点

(1) Python 库环境安装。

(2) Scrapy 网络请求。

(3) Twisted 异步网络。

(4) XPath 文档解析。

(5) MySQL 结构化数据存储。

学习目标

1. 理解 Scrapy 框架体系。

2. 理解 Twisted 异步网络请求原理。

3. 理解 Scrapy 网络爬虫框架及原理。

4. 掌握 Scrapy 项目系统配置及爬虫策略配置。

5. 掌握 Python 模块库(Scrapy、Twisted、lxml、PyMySQL 等)安装管理应用。

6. 能根据实际网页源,分析网络爬虫请求限制。

7. 能使用 Scrapy 进行多层级数据采集工作。

8. 能使用 XPath 规范格式化文档并获取目标数据。

9. 能使用 PyMySQL 完成 MySQL 结构化数据存储。

任务书

1. 完成通过 pip 命令安装及管理 Scrapy、Twisted、lxml、PyMySQL 库。
2. 完成通过 Scrapy 获取列表数据、分页数据及多层级的汽车销售数据网页源代码。
3. 完成通过 XPath 格式化网页源文档，并获取对应类型的汽车销售数据。
4. 完成通过 PyMySQL 将解析到的各车型销售数据结构化存储于本地 MySQL 中。

获取信息

引导问题 1：什么是异步网络爬虫？异步网络爬虫的原理是什么？

_____

_____

_____

引导问题 2：Scrapy 是什么框架技术？Scrapy 框架有什么优势？

_____

_____

_____

引导问题 3：Scrapy 框架体系结构及原理是什么？

_____

引导问题 4：Scrapy 如何获取网页源代码？

_____

_____

引导问题 5：XPath 如何解析网页源数据？XPath 解析网页源代码的原理是什么？XPath 如何获取网页结构中的节点？XPath 如何获取节点的属性和内容？

_____

_____

_____

_____

_____

引导问题 6：如何存储本地 MySQL 结构化数据？使用什么技术操作 MySQL 做本地数据存储？本地存储哪些数据？

_____

_____

_____

_____

工作计划

1. 制订工作方案（见表 1-24）

根据获取到的信息进行方案预演，选定目标，明确执行过程。

表 1-24　工作方案

步骤	工作内容
1	
2	
3	
4	
5	
6	
7	
8	

2. 写出此工作方案执行的网络爬虫工作原理

3. 列出工具清单（见表 1-25）

列出本次实施方案中所需要用到的软件工具。

表 1-25　工具清单

序号	名称	版本	备注
1			
2			
3			
4			
5			
6			
7			
8			

4. 列出技术清单（见表 1-26）

列出本次实施方案中所需要用到的软件技术。

表 1-26 技术清单

序号	名称	版本	备注
1			
2			
3			
4			
5			
6			
7			
8			
9			
10			

进行决策

1. 根据引导、构思、计划等，各自阐述自己的设计方案。
2. 对其他人的设计方案提出自己不同的看法。
3. 教师结合大家完成的情况进行点评，选出最佳方案，并写出最佳方案。

_____

_____

_____

_____

知识准备

为了实现任务目标"使用 Scrapy+XPath+PyMySQL 爬取汽车销售分页数据"，需要学习的知识与技能如图 1-22 所示。

1.3.1 Scrapy

1. Scrapy 框架介绍

Scrapy 的介绍与
安装

Scrapy 是一种快速的高级 Web Crawling 和 Web Scraping 框架，用于对网站进行爬虫并从其页面提取结构化数据。它有数据挖掘、监控和自动化测试等广泛的用途。

Scrapy 是一个应用程序框架，用于对网站进行爬行和提取结构化数据，这些结构化数据可用于各种有用的应用程序，如数据挖掘、信息处理或历史存档。

尽管 Scrapy 最初是为 Web Scraping 而设计的，但它还可以用于 API 提取数据（如 Amazon Associates Web Services）或者作为一个通用的网络爬虫。

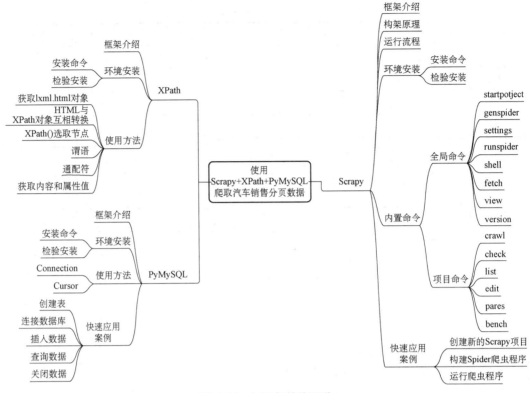

图 1-22　知识与技能图谱

2. Scrapy 架构

如图 1-23 所示，在 Scrapy 架构中包含以下组件。

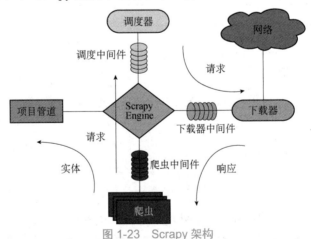

图 1-23　Scrapy 架构

（1）引擎（Scrapy Engine）

用来处理整个系统的数据流（框架核心）。

（2）调度器（Scheduler）

用来接收引擎发过来的请求，压入队列中，并在引擎再次请求的时候返回。可以想象成一个 URL（抓取网页的网址或者说是链接）的优先队列，由它来决定下一个要抓取的网址，同时去除重复的网址。

（3）下载器（Downloader）

用于下载网页内容，并将网页内容返回给蜘蛛（Scrapy 下载器是建立在 Twisted 这个高效的异步模型上的）。

（4）爬虫（Spiders）

爬虫用于从特定的网页中提取自己需要的信息，即所谓的实体（Item）。用户也可以从中提取出链接，让 Scrapy 继续抓取下一个页面。

（5）项目管道（Item Pipeline）

负责处理爬虫从网页中抽取的实体，主要的功能是持久化实体、验证实体的有效性、清除不需要的信息。当页面被爬虫解析后，就将被发送到项目管道，并经过几个特定的程序处理数据。

（6）下载器中间件（Downloader Middlewares）

位于 Scrapy 引擎和下载器之间的框架，主要处理 Scrapy 引擎与下载器之间的请求及响应。

（7）爬虫中间件（Spider Middlewares）

介于 Scrapy 引擎和爬虫之间的框架，主要工作是处理蜘蛛的响应输入和请求输出。

（8）调度中间件（Scheduler Middewares）

介于 Scrapy 引擎和调度器之间的中间件，从 Scrapy 引擎发送到调度的请求和响应。

Scrapy 的原理与使用

3. Scrapy 运行流程

如图 1-24 所示，Scrapy 中的数据流由执行引擎控制，具体如下。

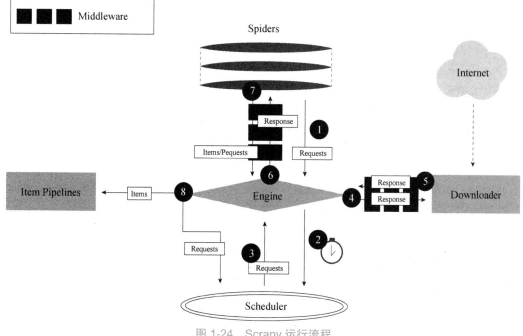

图 1-24　Scrapy 运行流程

①引擎从 Spiders 中获取到最初要爬取的请求（Requests）。

②引擎安排请求（Requests）到调度器中，并向调度器请求下一个要爬取的请求（Requests）。

③调度器返回下一个要爬取的请求（Requests）给引擎。

④引擎将上一步中得到的请求（Requests）通过下载器中间件（Downloader Middlewares）发送给下载器（Downloader），这个过程中下载器中间件（Downloader Middlewares）中的 process_request()函数会被调用。

⑤一旦页面下载完毕，下载器就会生成一个该页面的 Response，并将其通过下载中间件（Downloader Middlewares）发送给引擎，这个过程中下载器中间件（Downloader Middlewares）中的 process_response()函数会被调用。

⑥引擎从下载器中得到上一步中的 Response 并通过爬虫中间件（Spider Middlewares）发送给爬虫处理，这个过程中爬虫中间件（Spider Middlewares）中的 process_spider_ input()函数会被调用。

⑦爬虫处理 Response 并通过爬虫中间件（Spider Middlewares）返回爬取到的实体项目及（跟进的）新的请求给引擎，这个过程中爬虫中间件（Spider Middlewares）的 process_spider_output()函数会被调用。

⑧引擎将上一步中所爬取到的项目给项目管道（Pipeline），将爬虫处理的请求发送给调度器，并向调度器请求可能存在的下一个要爬取的请求（Requests）。

⑨从第二步开始重复处理，直到调度器中没有更多的请求（Requests）。

4. Scrapy 环境安装

在 Python 中要使用的相关库或模块内容，需要在 Python 管理环境中存在。Scrapy 框架属于第三方框架，不能直接使用，需要使用工具进行安装。

Scrapy 是用纯 Python 编写的，它依赖于以下几个关键的 Python 包（及其他包）。

- lxml：一个高效的 XML 和 HTML 解析器。
- parsel：一个写在 lxml 上面的 HTML/XML 数据提取库。
- w3lib：用于处理 URL 和网页编码的多用途帮助程序。
- twisted：异步网络框架。
- cryptography 和 pyOpenSSL：处理各种网络级安全需求。

在 Windows 中开发 Python，对于 Python 环境管理不仅有原生 Python 基础环境，还可以使用 Anaconda 和 Miniconda 的方式进行安装和管理，大家可以自行去扩展，本地使用 pip 的方式。

（1）环境安装

在 Scrapy 的安装过程中可能会出现因为未配置 MicroSoft Visual C++14.0.0 导致 Twisted 库安装失败的情况，所以在安装 Scrapy 环境过程中可以使用以下命令直接安装：

```
$ pip install Scrapy
```

也可以使用分步安装方式：

```
$ pip install lxml
$ pip install PyOpenSSL
$ pip install Twisted
```

```
$ pip install PyWin32
```

在安装 Scrapy 库的时候系统会自动检查 Scrapy 库的运行依赖环境是否已安装，主要检测框架有 lxml、parsel、w3lib、Twisted、cryptography 和 PyOpenSSLd 框架。当发现依赖的框架并未安装时，Scrapy 框架安装过程会自动将这些框架下载并安装上。

当进度达到 100%，并且提示 "Successfully installed Scrapy-*.*.*" 时，表示安装成功，可以在程序中导入使用了。

（2）检验安装

Scrapy 框架是由 pip 命令安装的，也可以使用 pip 命令检验安装状态，以下是具体操作。

```
$ pip list
```

在已安装列表中显示了 Scrapy 2.3.0（具体版本以当前实际为准），表明版本为 2.3.0 的 Scrapy 库安装成功。

5. Scrapy 内置命令

Scrapy 的项目有其自身的项目结构和配置，可在构建的 Scrapy 项目 "scrapy.cfg" 中进行修改。

为了方便构建、配置、启动等操作 Scrapy 结构化项目，Scrapy 框架提供一系列全局命令和项目（Project）命令。

（1）全局命令

①startproject。

语法与语义：在 project_dir 目录下创建一个名为"project_name"的项目，如果 project_dir 没有指定，project_dir 将与 project_name 等同。

```
$ scrapy startproject <project_name> [project_dir]
```

使用实例：

```
$ scrapy startproject myproject
```

② genspider。

语法与语义：在指定项目文件夹中构建爬虫对象。其中<name>参数设置为 spider 的 name，同时<domain>用于生成 allowed_domains 和 start_urls 的属性。

```
$ scrapy genspider [-t template] <name> <domain>
```

使用实例：

```
$ scrapy genspider example example.com
Created spider 'example' using template 'basic'

$ scrapy genspider -t crawl scrapyorg scrapy.org
Created spider 'scrapyorg' using template 'crawl'
```

③settings。

语法与语义：获取 Scrapy 设置的值。如果在项目中使用，它将显示项目设置值，否则它将显示该设置的默认 Scrapy 值。

```
$ scrapy settings [options]
```

使用实例：

```
$ scrapy settings --get BOT_NAME
scrapybot
$ scrapy settings --get DOWNLOAD_DELAY
0
```

④runspider。

语法与语义：运行一个包含在 Python 文件中的 Spider，而不必创建一个项目。

```
$ scrapy runspider <spider_file.py>
```

使用实例：

```
$ scrapy runspider myspider.py
[ ... spider starts crawling ... ]
```

⑤shell。

语法与语义：为给定的 URL（如果给定）启动 scrapy shell；如果没有给定 URL，则为空。

```
$ scrapy shell [url]
```

使用实例：

```
$ scrapy shell http://www.example.com/some/page.html
[ ... scrapy shell starts ... ]

$ scrapy shell --nolog http://www.example.com/ -c '(response.status,
response.url)'
(200, 'http://www.example.com/')

# shell follows HTTP redirects by default
$ scrapy shell --nolog http://httpbin.org/redirect-to?url=http%3A%2F%2
Fexample.com%2F -c '(response.status, response.url)'
(200, 'http://example.com/')
```

⑥fetch。

语法与语义：使用 ScrapyDownloader 下载给定的 URL，并将内容写入标准输出。

```
$ crapy fetch <url>
```

使用实例：

```
$ scrapy fetch --nolog http://www.example.com/some/page.html
[ ... html content here ... ]

$ scrapy fetch --nolog --headers http://www.example.com/
```

```
{'Accept-Ranges': ['bytes'],
 'Age': ['1263   '],
 'Connection': ['close      '],
 'Content-Length': ['596'],
 'Content-Type': ['text/html; charset=UTF-8'],
 'Date': ['Wed, 18 Aug 2010 23:59:46 GMT'],
 'Etag': ['"573c1-254-48c9c87349680"'],
 'Last-Modified': ['Fri, 30 Jul 2010 15:30:18 GMT'],
 'Server': ['Apache/2.2.3(CentOS)']}
```

⑦view。

语法与语义：在浏览器中打开给定的 URL。

```
$ scrapy view <url>
```

使用实例：

```
$ scrapy view http://www.example.com/some/page.html
[ ... browser starts ... ]
```

⑧version。

语法与语义：打印 Scrapy 版本。可以使用-v 打印 Python、Twisted 和 platform 信息，它对 bug 报告很有用。

```
$ scrapy version [-v]
```

使用实例：

```
$ scrapy version
Scrapy 2.3.0

$ scrapy version -v
Scrapy       : 2.3.0
lxml         : 4.5.2.0
libxml2      : 2.9.10
cssselect    : 1.1.0
parsel       : 1.5.2
w3lib        : 1.21.0
Twisted      : 20.3.0
Python       : 3.8.3(default, Jul  2 2020, 17:30:36)[MSC v.1916 64 bit(AMD64)]
pyOpenSSL    : 19.1.0(OpenSSL 1.1.1g  21 Apr 2020)
cryptography : 2.9.2
Platform     : Windows-10-10.0.19041-SP0
```

（2）项目（Project）命令

①crawl。

语法与语义：开始执行 Spider 程序。

```
$ scrapy crawl <spider>
```

使用实例：

```
$ scrapy crawl myspider
[ ... myspider starts crawling ... ]
```

②check。

语法与语义：运行合同检查。

```
$ scrapy check [-l] <spider>
```

使用实例：

```
$ scrapy check -l
first_spider
  * parse
  * parse_item
second_spider
  * parse
  * parse_item

$ scrapy check
[FAILED] first_spider:parse_item
>>> 'RetailPricex' field is missing

[FAILED] first_spider:parse
>>> Returned 92 requests, expected 0..4
```

③list。

语法与语义：列出当前项目中所有可用的 Spider，每行输出一个 Spider。

```
$ scrapy list
```

使用实例：

```
$ scrapy list
spider1
spider2
```

④edit。

语法与语义：使用定义的编辑器编辑给定的 Spider EDITOR 环境变量或（如果未设置）EDITOR 设置。这个命令仅作为最常见情况下的快捷方式使用。

```
$ scrapy edit <spider>
```

使用实例：

```
$ scrapy edit spider1
```

⑤parse。

语法与语义：获取给定的 URL，并使用它处理 Spider，可以使用"--callback"选项或 parse（如果没有给出）。

```
$ scrapy parse <url> [options]
```

使用实例：

```
$ scrapy parse http://www.example.com/ -c parse_item
[ ... scrapy log lines crawling example.com spider ... ]


>>> STATUS DEPTH LEVEL 1 <<<
# Scraped Items ------------------------------------------------------------
[{'name': 'Example item',
 'category': 'Furniture',
 'length': '12 cm'}]

# Requests ------------------------------------------------------------------
[]
```

⑥bench。

语法与语义：运行一个快速基准测试。

```
$ scrapy bench
```

6. Scrapy 快速应用案例

样例 1-10：使用 Scrapy 快速抓取 quotes.toscrape.com 列表数据，quotes.toscrape.com 是一个著名作家名言网站。

下面我们将快速构建 Scrapy 项目并将抓取数据分为 3 个步骤。

（1）创建新的 Scrapy 项目

在开始抓取之前，必须建立一个新的零碎项目，输入要在其中存储代码并运行的目录：

```
$ scrapy startproject tutorial
```

这将创建一个包含以下内容的 tutorial 目录：

```
tutorial/
    scrapy.cfg           # deploy configuration file
    tutorial/            # project's Python module,  you'll import your code
from here
        __init__.py
    items.py          # project items definition file
    middlewares.py    # project middlewares file
    pipelines.py     # project pipelines file
    settings.py      # project settings file
    spiders/          # a directory where you'll later put your spiders
        __init__.py
```

（2）构建 Spider 爬虫程序，对网站进行爬行并提取数据

可以使用命令行的方式构建爬虫，也可以直接创建 Spider 对象操作，以下是构建命令：

```
$ cd tutorial
$ scrapy genspider quotes quotes.toscrape.com
```

此命令会在 tutorial/spiders 文件夹下生成一个 quotes.py 文件。

修改 quotes.py 文件，对网站进行爬取并写入响应数据到本地。

```
import scrapy


class QuotesSpider(scrapy.Spider):
    name = "quotes"

    def start_requests(self):
        urls = [
            'http://quotes.toscrape.com/page/1/',
            'http://quotes.toscrape.com/page/2/',
        ]
        for url in urls:
            yield scrapy.Request(url=url, callback=self.parse)

    def parse(self, response):
        page = response.url.split("/")[-2]
        filename = f'quotes-{page}.html'
        with open(filename, 'wb')as f:
            f.write(response.body)
        self.log(f'Saved file {filename}')
```

其中，我们的 spider 子类 scrapy.Spider 定义了以下一些属性和方法。

①name：标识蜘蛛。它在一个项目中必须是唯一的，也就是说，不能为不同的蜘蛛设置相同的名称。

②start_requests()：必须返回一个 Requests 迭代生成器（你可以返回一个请求列表或编写一个生成器函数），蜘蛛将从中开始爬行。随后的请求将从这些初始请求中依次生成。

③parse()：将调用的方法用于处理每个请求下载的响应。parse()方法通常用于解析响应，将抓取的数据提取为 dict，并查找新的 URL 以跟踪和创建新的请求。

（3）运行爬虫程序

使用命令运行 Spider，请转到项目的顶级目录并运行：

```
$ scrapy crawl quotes
```

此命令运行名为 quotes 的 Spider，将得到类似于以下内容的输出：

```
...(omitted for brevity)
2021-04-16 21:24:05 [scrapy.core.engine] INFO: Spider opened
```

```
2021-04-16 21:24:05 [scrapy.extensions.logstats] INFO: Crawled 0 pages(at
0 pages/min), scraped 0 items(at 0 items/min)
2021-04-16 21:24:05 [scrapy.extensions.telnet] DEBUG: Telnet console
listening on 127.0.0.1:6023
2021-04-16 21:24:05 [scrapy.core.engine] DEBUG: Crawled(404)<GET http://
quotes.toscrape.com/robots.txt>(referer: None)
2021-04-16 21:24:05 [scrapy.core.engine] DEBUG: Crawled(200)<GET http://
quotes.toscrape.com/page/1/>(referer: None)
2021-04-16 21:24:05 [scrapy.core.engine] DEBUG: Crawled(200)<GET http://
quotes.toscrape.com/page/2/>(referer: None)
2021-04-16 21:24:05 [quotes] DEBUG: Saved file quotes-1.html
2021-04-16 21:24:05 [quotes] DEBUG: Saved file quotes-2.html
2021-04-16 21:24:05 [scrapy.core.engine] INFO: Closing spider(finished)
...
```

等待程序运行结束，再检查当前目录中的文件，已经创建了两个新文件：quotes-1. html 和 quotes-2.html。

XPath 的安装与
使用

1.3.2　XPath

1. XPath 框架介绍

XPath 是一门在 XML 文档中查找信息的语言。XPath 可用来在 XML
文档中对元素和属性进行遍历。XPath 是 W3C XSLT 标准的主要元素，并且 XQuery 和
XPointer 都构建于 XPath 表达之上。因此，对 XPath 的理解是很多高级 XML 应用的基础。

XPath 基于 XML 的树状结构，提供在数据结构树中寻找节点的能力。

2. XPath 环境安装

XPath 是一种语法，它从属于 lxml 框架，用于解析 HTML 网页结构和内容解析。关于
lxml 框架的安装和验证在安装 Scrapy 框架的过程中已操作过，所以在本小节中不再赘述。

3. XPath 使用方法

XPath 使用路径表达式在 XML 文档中进行导航。XML 文档是被作为节点树来对待的。
在 XPath 中，节点有 7 种类型：元素、属性、文本、命名空间、处理指令、注释及文档（根）
节点。

网页内容基本都是用 HTML 编写的，但是 HTML 和 XML 都是标记语言，都是基于文
本编辑和修改的；都用于操作系统或数据结构，结构上大致相同；都可以通过 DOM 编程
方式来访问；都可以通过 CSS 来改变外观。所以，可以将 HTML 页面转换为 XML 文件使
用 XPath 来解析。

本节将采用"解析演示.html"作为演示的 HTML 源代码。

"解析演示.html"源代码如下：

```
<html>
<head>
```

```
<title>演示测试</title>
</head>
<body>
    <div id="dh1"><p>lorem <span>poium</span></p></div>
    <div class="ulcs">
        <ul>
        <li>ul 测试 1</li>
        <li>ul 测试 2</li>
        <li>ul 测试 3</li>
        </ul>
    </div>
    <div id="img"><img src="D:\屏图\noPermissions.jpg"></div>
</body>
</html>
```

XPath 可以将网页源代码构建成一个 lxml.html 或 lxml.xpath 的对象，从而方便我们对其中的节点、标签、属性等进行操作。

（1）获取 lxml.html 对象

从文件中加载 HTML 网页，构建 lxml.html 对象，就可以使用 XPath 匹配模式查找网页节点。以下是构建 lxml.html 对象的相关语法，其中"source"是"解析演示.html"的源代码。

```
# 导入 lxml.etree,构建 html
from lxml import etree,html


# 创建 html 对象
html = etree.HTML(source)
```

（2）HTML 与 XPath 对象互相转换

lxml.html 和 lxml.xpath 对象是可以相互转换的，也可以同时匹配 XPath 规则查找节点和数据，以下是相关语法与案例。其中，"source"是"解析演示.html"的源代码。

```
import lxml.html as xhtml



# HTML 转换为 XPath 对象
doc = xhtml.fromstring(source)

# XPath 对象转换为 HTML
content2 = xhtml.tostring(doc, method='html',encoding="utf-8")
print(content2.decode('utf-8'))
```

（3）XPath()选取节点

XPath()通过匹配路径表达式的方式，在 XML 文档中选取匹配路径节点。XPath()方法的返回结果是一个 list 集合，需要遍历获取值。

常用的路径表达式如表 1-27 所示。

表 1-27　常用的路径表达式

表达式	描述
nodename	选取第一个 nodename 节点
/	从根节点选取
//	从匹配选择的当前节点选择文档中的节点，而不考虑它们的位置
.	选取当前节点
..	选取当前节点的父节点
@	选取 nodename 节点属性进行匹配，建议和谓语联用

样例 1-11：通过源代码练习表 1-27 中常用的路径表达式。

①构建 XPath 对象。

```
import lxml.html as xhtml

source = '''
<html>
<head>
<title>演示测试</title>
</head>
<body>
    <div id="dhl"><p>lorem <span>poium</span></p></div>
    <div class="ulcs">
        <ul>
        <li>ul 测试 1</li>
        <li>ul 测试 2</li>
        <li>ul 测试 3</li>
        </ul>
    </div>
    <div id="img"><img src="D:\屏图\noPermissions.jpg"></div>
</body>
</html>
'''
doc = xhtml.fromstring(soure)
```

②选取 body 节点下的所有子节点。

```
def linkstr(result):
    for link in result:
        print(xhtml.tostring(link))


result = doc.xpath('body')
linkstr(result)
```

③通过根目录选取 head 节点。

```
result = doc.xpath('/html/head')
linkstr(result)
```

④获取 head 节点下的 title 节点。

```
result = doc.xpath('head/title')
linkstr(result)
```

⑤选取所有 div 节点。

```
result = doc.xpath('//div')
linkstr(result)
```

⑥获取第二个 div 下的所有 li 节点。

```
result = doc.xpath('//div[2]/li')
linkstr(result)
```

⑦获取 id="img"的 div 节点。

```
result = doc.xpath('//div[@id="img"]')
linkstr(result)
```

⑧通过根目录选取 head 节点。

```
result = doc.xpath('/html/head')
linkstr(result)
```

（4）谓语（Predicates）

通常在需要查找某个特定的节点或者包含某个指定的值的节点时就要使用谓语，谓语往往被嵌在方括号中。

直接通过定位获取指定节点，last()是最后一个节点，也可以通过计算来获取节点位置。position()是当前节点位置，借助 position()可以通过表达式来确定节点。

样例 1-12：通过编写谓语直接获取指定的节点，本例接着样例 1-11。

①获取第一个 div 节点。

```
result = doc.xpath('//div[1]')
```

②获取最后一个 div 节点。

```
result = doc.xpath('//div[last()]')
```

③获取后两个 li 节点。

```
result = doc.xpath('//div//li[position()>1]')
```

④获取含有 class 属性的 div。

```
result = doc.xpath('//div[@class]')
```

⑤获取 id="dhl"的 div。

```
result = doc.xpath('//div[@id="dhl"]')
```

（5）通配符

在节点未知的情况下可以通过通配符来获取其节点，通配符介绍见表 1-28。

表 1-28　通配符

表达式	描述
*	匹配任何元素节点
@*	匹配任何属性节点
node()	匹配任何类型的节点

表 1-29 列出了一些路径表达式及其描述。

表 1-29　通配符实例

表达式	描述
body/*	选取 body 元素的所有子元素
//*	选取文档中的所有元素
//div[@*]	选取所有带有属性的 div 元素

4. 获取内容和属性值

XPath 函数主要用于从 XPath 中获取内容及属性值。

- div/text()：获取 div 下一节点内的文本。
- div/@id：获取 div 下一节点的 id 属性值。
- div//text()：获取 div 下一节点内的所有文本。
- div//@id：获取 div 节点下所有的 id 属性值。
- XPath 对象.text：获取文本内容。

样例 1-13：获取第一个 div 的文本内容及获取 div 的 id 属性值。

```
import lxml.html as xhtml

soure = '''
<html>
<head>
<title>演示测试</title>
</head>
<body>
    <div id="dhl"><p>lorem <span>poium</span></p></div>
    <div class="ulcs">
        <ul>
        <li>ul 测试 1</li>
        <li>ul 测试 2</li>
        <li>ul 测试 3</li>
        </ul>
```

```
    </div>
    <div id="img"><img id="d" src="D:\屏图\noPermissions.jpg"></div>
</body>
</html>
'''


def linkstr(result):
    for link in result:
        print(link.text)


doc = xhtml.fromstring(soure)
result = doc.xpath('//div[1]/text()')  # 获取 div 下节点内的文本
print(result)
result = doc.xpath('//div/@id')  # 获取 div 节点 id 属性的 id 值
print(result)
result = doc.xpath('//div[1]//text()')  # 获取 div 下节点内的文本
print(result)
result = doc.xpath('//div//@id')  # 获取 div 节点 id 属性值
print(result)
result = doc.xpath('//div[1]/p')  # 获取 P 节点的对象
linkstr(result)
```

1.3.3　PyMySQL

1. PyMySQL 模块安装

PyMySQL 是一个纯 Python 实现的 MySQL 客户端操作库。

PyMySQL 框架属于第三方框架，不能直接使用，需要使用工具进行安装。

（1）使用命令安装 PyMySQL 库

PyMySQL 的安装与使用

```
$ pip install PyMySQL
```

（2）检验安装

PyMySQL 框架是利用 pip 命令安装的，也可以使用 pip 命令检验安装状态，以下是具体操作。

```
$ pip list
```

在已安装列表中显示了 PyMySQL 0.9.3，表明版本为 0.9.3 的 PyMySQL 库安装成功。

2. PyMySQL 使用方法

PyMySQL 对 MySQL 数据库的操作主要集中于两个类，分别是 pymysql.connections.Connection、pymysql.cursors.Cursor。以下分别介绍其相关知识点。

（1）Connection

```
classpymysql.connections.Connection(*, user=None, password='', host=None,
database=None, unix_socket=None, port=0, charset='', sql_mode=None, read_
default_file=None, conv=None, use_unicode=True, client_flag=0, cursorclass=
<class 'pymysql.cursors.Cursor'>, init_command=None, connect_timeout=10, read_
default_group=None, autocommit=False, local_infile=False, max_allowed_packet=
16777216, defer_connect=False, auth_plugin_map=None, read_timeout=None, write_
timeout=None, bind_address=None, binary_prefix=False, program_name=None,
server_public_key=None, ssl=None, ssl_ca=None, ssl_cert=None, ssl_disabled=
None, ssl_key=None, ssl_verify_cert=None, ssl_verify_identity=None, compress=
None, named_pipe=None, passwd=None, db=None)
```

Connection 类是表示具有 MySQL 服务器的端口连接。获得此类实例的正确方法是调用 connect()函数。

建立与 MySQL 数据库的连接，接收以下几个参数。

- host：数据库服务器所在的主机。
- user：登录用户名。
- password：连接密码。
- database：使用的数据库。
- port：MySQL 端口使用，默认值为 3306。
- bind_address：当客户端具有多个网络接口时，指定连接到主机的接口。参数可以是主机名或 IP 地址。
- unix_socket：可以使用 UNIX 插座，而不是 TCP/IP。
- read_timeout：在几秒内从连接中读取的超时（默认值为无即无超时）。
- write_timeout：在几秒内写入连接的超时（默认值为无即无超时）。
- charset：你想使用的编码格式。
- sql_mode：默认使用的 SQL_MODE。
- read_default_file：指定 my.cnf 文件从[客户]部分下读取的参数。
- conv：转换字典使用，而不是默认的。
- use_unicode：是否默认为单码字符串。此选项默认为"True"。
- client_flag：将自定义标志发送到 MySQL，在常数中查找潜在值。
- cursorclass：自定义光标类使用。
- init_command：建立连接时运行的初始 SQL 语句。
- connect_timeout：在连接时抛出异常之前超时（默认值为 10，最小值为 1，最大值为 31536000）。
- ssl：类似于 mysql_ssl_set 参数作用。
- ssl_ca：到包含 PEM 格式的 CA 证书的文件的路径。
- ssl_cert：到包含 PEM 格式的客户端证书的文件的路径。
- ssl_disabled：禁用 TLS 的布尔值。

- ssl_key：访问包含客户端证书 PEM 格式专用密钥的文件的路径。
- ssl_verify_cert：设置为"真"，以检查服务器证书的有效性。
- ssl_verify_identity：设置为"真"，以检查服务器的身份。
- read_default_group：从配置文件中读取组。
- autocommit：自动提交模式。"无"表示使用服务器默认值（默认值为"假"）。
- local_infile：布尔值，以启用负载数据本地命令（默认值为"假"）。
- max_allowed_packet：以字节表示发送到服务器的数据包的最大大小（默认值为 16MB），仅用于限制小于默认值（16KB）的"加载本地 INFILE"数据包的大小。
- defer_connect：不要在施工时明确连接，等待连接呼叫（默认值为"假"）。
- auth_plugin_map：处理插件的类的名称的口述。该类将以连接对象作为构造器的参数。该类需要以身份验证包为参数的身份验证方法。对于对话插件，可以使用提示（回声、提示）方法（如果没有身份验证方法）从用户处返回字符串。
- server_public_key：SHA256 身份验证插件公共关键值（默认为无）。
- binary_prefix：在字节上添加_binary 前缀（默认值为"假"）。
- named_pipe：不支持。
- db：数据库的别名。
- passwd：密码的别名。

数据库连接对象 Connection 可以保持对数据库的连接和操作支持。表 1-30 是 Connection 对象所具有的 API 函数。

表 1-30　Connection 对象的 API 函数

API 名称	参数	描述
begin	无	开始连接数据库
close	无	发送退出消息并关闭接口
commit	无	将更改提交到本地存储
cursor	cursor=None	创建一个新的光标以执行查询
open	属性状态，无参数	如果连接已打开，则返回 True
ping	reconnect=True	检查服务器是否还"活着"
rollback	无	回滚当前交易
select_db	db	设置当前数据库
show_warnings	无	发送"显示警告"SQL 命令

（2）Cursor

```
class pymysql.cursors.Cursor(connection)
```

这是用来与数据库交互的对象。建议不要自己创建光标实例。它可以调用 connections. Connection. cursor()连接。

Cursor 是数据库操作对象，表 1-31 是 Cursor 对象所具有的 API 函数。

表 1-31　Cursor 对象的 API 函数

API 名称	参　　数	描　　述
callproc	procname，args=()	执行存储的程序序号与参数
close	无	关闭光标只会耗尽所有剩余数据
execute	query，args=None	执行查询
executemany	query，args	针对一个查询运行多个数据
fetchall	无	获取所有行
fetchmany	size=None	获取几行
fetchone	无	获取下一行
mogrify	query，args=None	通过调用 execute()方法返回发送到数据库的确切字符串

3. PyMySQL 快速应用案例

样例 1-14：演示 PyMySQL 操作基本 CRUD。

创建表：

```
CREATE TABLE `users`(
    `id` int(11)NOT NULL AUTO_INCREMENT,
    `email` varchar(255)COLLATE utf8_bin NOT NULL,
    `password` varchar(255)COLLATE utf8_bin NOT NULL,
    PRIMARY KEY(`id`)
)ENGINE=InnoDB DEFAULT CHARSET=utf8mb4 COLLATE=utf8mb4_bin
AUTO_INCREMENT=1 ;
```

案例操作代码：

```python
import pymysql.cursors

# Connect to the database
connection = pymysql.connect(host='localhost',
                        user='user',
                        password='passwd',
                        database='db',
                        charset='utf8mb4',
                        cursorclass=pymysql.cursors.DictCursor)

with connection:
    with connection.cursor()as cursor:
        # Create a new record
        sql = "INSERT INTO `users`(`email`, `password`)VALUES(%s, %s)"
        cursor.execute(sql,('webmaster@python.org', 'very-secret'))

    # connection is not autocommit by default. So you must commit to save
    # your changes.
    connection.commit()
```

```
with connection.cursor()as cursor:
    # Read a single record
    sql = "SELECT `id`, `password` FROM `users` WHERE `email`=%s"
    cursor.execute(sql,('webmaster@python.org',))
    result = cursor.fetchone()
    print(result)
```

运行程序，MySQL 中会添加一条数据，并输出打印到控制台，效果如下：

```
{'id': 1, 'password': 'very-secret'}
```

相关案例

按照本单元所涉及的知识面及知识点，准备下一步工作实施的参考案例，展示项目案例"使用 Scrapy+Xpath+PyMySQL 爬取汽车销售分页数据"的实施过程。

按照网络爬虫的实际项目开发过程，以下展示的是具体流程。

获取 SUV 汽车销售
详情数据

1. 确定数据源

本次的爬虫目的是获取 SUV 汽车销售详情数据。

针对本次的网络爬虫目标，我们从众多车辆展示平台中选择了购车网（http://www.ecar168.cn）作为本次的目标网站群，首页如图 1-25 所示。为了更方便地精确定位到指定数据，将目标地址定位到购车网下面的 SUV 销量排行榜页面及 2021 年 3 月 SUV 销量排行榜页面，如图 1-26、图 1-27 所示。

图 1-25　购车网首页

图 1-26　SUV 销量排行榜页面

图 1-27　2021 年 3 月 SUV 销量排行榜页面

2. 确定目标数据源

　　根据确定的目标数据源，对照目标获取 SUV 汽车销售详情数据，所以我们截取网页表格中详情数据值，如图 1-28 所示，并根据内容明确要提取的详情字段分别有排名、厂商、车型、月销量、本年累计、上月、环比、去年同期、同比、系列、统计年份、统计月份、数据来源 URL、数据来源标题、汽车详情 URL。

2021年3月SUV销量排行榜

时间：2021年4月　来源：购车网

【购车网 SUV销量排行榜】根据日前公布的2021年3月汽车销量数据显示，哈弗H6销量为34865辆，在3月SUV销量排行榜中位居第一，同比增长71.59%。本田CR-V销量为32313辆，在3月SUV销量排行榜中位居第二，同比增长1,162.23%。长安CS75销量为31461辆，在3月SUV销量排行榜中位居第三，同比增长70.76%。以下是2021年3月SUV车型销量排行榜：

排名	厂商	车型	3月销量	本年累计	上月	环比	去年同期	同比
1	长城汽车	哈弗H6	34865	112943	31710	9.95%	20319	71.59%
2	东风本田	本田CR-V	32313	72973	15657	106.38%	2560	1,162.23%
3	长安汽车	长安CS75	31461	106329	32697	-3.78%	18424	70.76%
4	一汽丰田	丰田RAV4	21989	50348	8821	149.28%	11446	92.11%
5	上汽大众	大众途观L	20350	36218	9339	117.90%	4893	315.90%
6	东风本田	本田XR-V	18884	45521	9527	98.22%	2919	546.93%
7	广汽本田	本田皓影	17714	44884	10266	72.55%	7615	132.62%
8	广汽本田	本田缤智	16401	48032	10630	54.29%	2953	455.40%
9	一汽大众	大众探岳	16159	30213	7081	128.20%	7030	129.86%
10	一汽大众奥迪	奥迪Q5L	15815	44357	11159	41.72%	10882	45.33%
11	北京奔驰	奔驰GLC	15339	39759	8920	71.96%	13489	13.71%
12	吉利汽车	吉利博越	15092	59670	14381	4.94%	15096	-0.03%
13	华晨宝马	宝马X3	12584	35159	9703	29.69%	9415	33.66%
14	一汽大众	大众T-ROC探歌	12440	21441	4079	204.98%	4969	150.35%
15	东风日产	日产逍客	12434	38683	7888	57.63%	5211	138.61%
16	长城汽车	哈弗M6	12335	37199	8535	44.52%	8555	44.18%

图 1-28　销售详情页表格数据

3. 安装环境

本次项目使用环境为：

- 本地语言环境：Python 3.8。
- 编译工具：PyCharm 2021.2。
- 网络请求框架：Scrapy 2.4.1。
- 网页解析框架：XPath 4.6.3（lxml）。
- 数据存储框架：PyMySQL 1.0.2。

为确保正常开发，需明确相关环境（Scrapy、lxml、PyMySQL）已正常准备，可以使用 pip 命令进行环境安装，以下是具体操作：

```
$ pip install Scrapy
$ pip install lxml
$ pip install PyMySQL
```

4. 构建项目

因使用的是 Scrapy 框架，所以直接使用 Scrapy 命令构建带有 Scrapy 配置和结构的项目。

（1）构建项目

```
$ scrapy startproject Learning_Situation_3
```

（2）构建 Spider

```
$ cd Learning_Situation_3
$ scrapy genspider ecar168 ecar168.cn
```

（3）打开项目

使用 PyCharm 打开项目"Learning_Situation_3"，效果如图 1-29 所示。

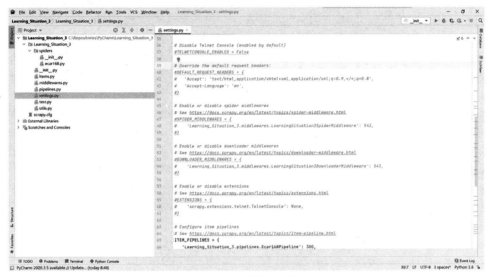

图 1-29　项目结构图

5. 编写数据采集程序

在创建的项目"Learning_Situation_3"的 spiders 文件夹下的 ecar168.py 文件中编辑网页爬虫程序流程。

若要获取汽车销售详情数据，则需要首先获取月排行链接地址；若要获取所有销售数据，则需要将所有分页中月排行链接地址数据提取出来。所以，可将数据采集分为三步，分别是：

①获取所有分页地址。

②获取每个分页下的月排行链接列表。

③获取月排行链接页面下的销售数据。

因本次案例数据采集与解析混杂，所以并不单独描述。以下是具体操作步骤。

（1）调整初始配置

```
class Ecar168Spider(scrapy.Spider):
    # scrapy spider name:爬虫命名
    name = 'ecar168'
    # 允许访问的域
allowed_domains = ['ecar168.cn']
    # 域名前缀
    prefix = 'http://www.ecar168.cn'
    # 初识访问地址
```

```
start_urls = ['http://www.ecar168.cn/xiaoliang/liebiao/2_0.htm']
count_exception = 0
list_exception = []
```

（2）获取所有分页地址，并发起二次请求

```
# 解析网页数据,获取目标数据:总页数;并发起二次请求(月排行)
def parse(self, response, **kwargs):
    # 直接使用 response 的 xpath 函数
    # 获取总页数
    page_total = response.xpath('//span[@class="hong"]/text()').extract_
first()

    for i in range(int(page_total)):
        yield scrapy.Request(url=Utils_Ecar168.url_constructor(i), callback=
self.parse_link)
```

（3）获取所有月排行链接，并发起三次请求

```
# 循环读取 车型销量排行榜列表标题和链接,并发起三次请求(销售详情)
def parse_link(self, response):
    uls = response.xpath('//*[@id="left"]/div[3]/ul')
    # print(response.url)
    # print(len(uls))

    for ul in uls:
        li = ul.xpath('li[1]')
        title = li.xpath('a/text()').extract_first().strip()
        href = '{}{}'.format(self.prefix, li.xpath('a/@href').extract_
first().strip())

        yield scrapy.Request(url=href, callback=self.parse_data, dont_
filter=True)
```

（4）构建响应对象（items.Vehicle_Sales）

```
# 汽车销售数据
class Vehicle_Sales(scrapy.Item):
    # 排名
    ranking = scrapy.Field()
    # 厂商
    manufacturer = scrapy.Field()
    # 车型
    vehicle_type = scrapy.Field()
    # 月销量
    monthly_sales_volume = scrapy.Field()
    # 本年累计
```

```
        accumulated_this_year = scrapy.Field()
        # 上月
        last_month = scrapy.Field()
        # 环比
        chain_ratio = scrapy.Field()
        # 去年同期
        corresponding_period_of_last_year = scrapy.Field()
        # 同比
        year_on_year = scrapy.Field()
        # 系列
        series = scrapy.Field()
        # 统计年份
        year_ = scrapy.Field()
        # 统计月份
        month_ = scrapy.Field()
        # 数据来源 URL
        url_href = scrapy.Field()
        # 数据来源 标题
        url_title = scrapy.Field()
        # 汽车详情 URL
        url_car_detail = scrapy.Field()
```

（5）获取销售数据，并构建迭代生成器

```
    # 循环读取 获取每一条数据下面的销售量列表集合
    def parse_data(self, response):
        title = response.xpath('/html/head/title/text()').extract_first().
split('_')[0].strip()
        year = title[:title.find('年')]
        month = title[title.find('年')+ 1:title.find('月')]
        series = title[title.find('月')+ 1:title.find('销量')]

        trs = response.xpath('//*/tr[@class="yuefen_tr"]')
        for tr in trs:
            try:
                item = Vehicle_Sales()

                item['ranking'] = str(tr.xpath('td[1]/text()').get()).strip()
                item['manufacturer'] = str(tr.xpath('td[2]/text()').get()).
strip()
                item['monthly_sales_volume'] = str(tr.xpath('td[4]/text()').
get()).strip()
                item['accumulated_this_year'] = str(tr.xpath('td[5]/text()').
get()).strip()
                item['last_month'] = str(tr.xpath('td[6]/text()').get()).
```

```
strip()
                item['chain_ratio'] = str(tr.xpath('td[7]/text()').get()).
strip()
                item['corresponding_period_of_last_year'] = str(tr.xpath('td[8]/
text()').get()).strip()
                item['year_on_year'] = str(tr.xpath('td[9]/text()').get()).
strip()
                item['year_'] = year
                item['month_'] = month
                item['series'] = series
                item['url_href'] = response.url
                item['url_title'] = title

                item['url_car_detail'] = ''
                if len(tr.xpath('td[3]/a')) > 0:
                    item['vehicle_type'] = str(tr.xpath('td[3]/a/text()').
get()).strip()
                    item['url_car_detail'] = str(tr.xpath('td[3]/a/@href').
get()).strip()

                else:
                    item['vehicle_type'] = str(tr.xpath('td[3]/text()').
get()).strip()

                yield item
            except Exception as e:
                print(e.args)
                self.count_exception += 1
                self.list_exception.append({
                    'error': e.args,
                    'url': response.url
                })
```

6. 编写数据存储程序

（1）导入模块

```
import pymysql
```

（2）构建 MySQL 数据存储管道流对象

```
class Ecar168Pipeline:

    def __init__(self):
        self.conn = pymysql.connect(host='localhost', user='root', password=
'root', database='Learning_Situation_3')
```

```
        self.cursor = self.conn.cursor()

    def process_item(self, item, spider):

        insertSQL =('insert into Vehicle_Sales'
                    '(ranking, manufacturer, vehicle_type, monthly_sales_
volume, '
                    'accumulated_this_year, last_month, chain_ratio, '
                    'corresponding_period_of_last_year, year_on_year, series,
year_, '
                    'month_, url_href, url_title, url_car_detail)'
                    'values'
'("{}","{}","{}","{}","{}","{}","{}","{}","{}","{}","{}","{}","{}","{}","{}"
)')\
            .format(item['ranking'], item['manufacturer'], item['vehicle_
type'], item['monthly_sales_volume'],
                    item['accumulated_this_year'], item['last_month'], item
['chain_ratio'],
                    item['corresponding_period_of_last_year'], item['year_on_
year'], item['series'], item['year_'],
                    item['month_'], item['url_href'], item['url_title'], item
['url_car_detail'])

        self.cursor.execute(insertSQL)
        self.conn.commit()

        return item

    def close_spider(self, spider):
        self.cursor.close()
        self.conn.close()

        print(spider.count_exception)
        [print(item)for item in spider.list_exception]
```

7. 运行程序

（1）调整项目配置：settings.py

```
# Obey robots.txt rules
# 根据项目和目标源地址的情况，设置是否遵从该网络协议
ROBOTSTXT_OBEY = True


# Configure item pipelines
```

```
# See https://docs.scrapy.org/en/latest/topics/item-pipeline.html
# 打开管道流配置项
ITEM_PIPELINES = {
    'Learning_Situation_3.pipelines.Ecar168Pipeline': 300,
}
```

（2）运行程序

在 PyCharm 的 Terminal 窗口中，定位到当前项目目录地址下，调用 scrapy 命令运行 Spider 程序。

```
scrapy crawl ecar168
```

8. 效果截图

运行程序，采集数据并存储于 MySQL 中，效果如图 1-30、图 1-31 所示。

（a）

（b）

图 1-30　程序运行效果截图

（c）

图 1-30　程序运行效果截图（续）

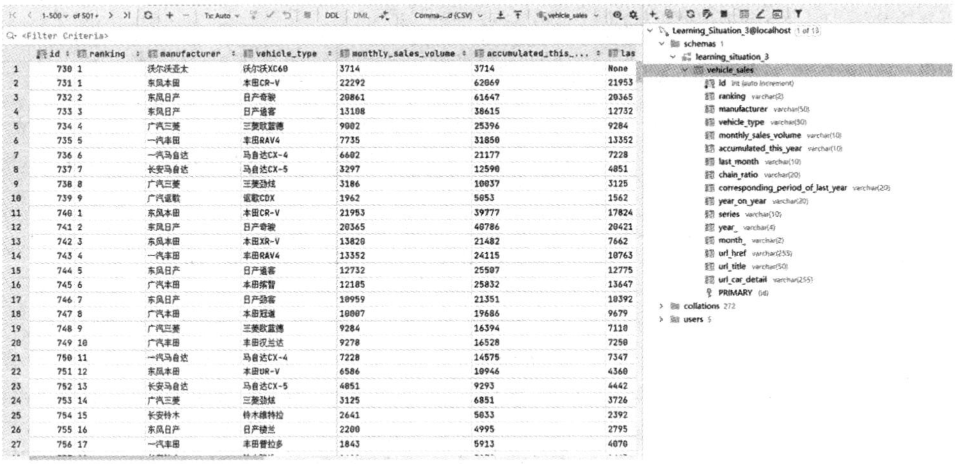

图 1-31　MySQL 效果截图

工作实施

按照制订的最佳方案进行项目开发，填充相应的工作流程内容。

评价反馈

各自完成学习情境的开发并展示作品，介绍任务的完成过程，作品展示前应准备阐述材料，并完成评价。

1. 学生进行自我评价（见表 1-32）。

表 1-32　学生自评表

班级：　　　　　　　　姓名：　　　　　　　　学号：			
学习情境	使用 Scrapy+XPath+PyMySQL 爬取汽车销售分页数据		
评价项目	评价标准	分值	得分
Python 环境管理	能正确、熟练使用 Python 工具管理开发环境	10	
解读网页结构	能正确、熟练使用网页工具解读网页结构	10	
方案制作	能根据技术能力快速、准确地制订工作方案	10	
采集网页源代码	能根据方案正确、熟练地采集网页源数据	15	
解析网页数据	能根据方案正确、熟练地解析网页数据	15	
数据存储操作	能根据方案正确、熟练地存储采集到的数据	15	
项目开发能力	根据项目开发进度及应用状态评价开发能力	10	
工作质量	根据项目开发过程及成果评定工作质量	15	
合计		100	

2. 在学生展示过程中，以个人为单位，对以上学习情境过程与结果进行互评（见表 1-33）。

表 1-33　学生互评表

学习情境		使用 Scrapy+XPath+PyMySQL 爬取汽车销售分页数据									
评价项目	分值	等级							评价对象			
									1	2	3	4
计划合理	10	优	10	良	9	中	8	差	6			
方案准确	10	优	10	良	9	中	8	差	6			
工作质量	20	优	20	良	18	中	15	差	12			
工作效率	15	优	15	良	13	中	11	差	9			
工作完整	10	优	10	良	9	中	8	差	6			
工作规范	10	优	10	良	9	中	8	差	6			
识读报告	10	优	10	良	9	中	8	差	6			
成果展示	15	优	15	良	13	中	11	差	9			
合计	100											

3. 教师对学生工作过程和工作结果进行评价（见表 1-34）。

表 1-34　教师综合评价表

班级：　　　　　　　　姓名：　　　　　　　　学号：			
学习情境	使用 Scrapy+XPath+PyMySQL 爬取汽车销售分页数据		
评价项目	评价标准	分值	得分
考勤（20%）	无无故迟到、早退、旷课现象	20	

（续表）

评价项目		评价标准	分值	得分
工作 过程 （50%）	环境管理	能正确、熟练使用 Python 工具管理开发环境	5	
	方案制作	能根据技术能力快速、准确地制订工作方案	5	
	数据采集	能根据方案正确、熟练地采集网页源数据	10	
	数据解析	能根据方案正确、熟练地解析网页数据	10	
	数据存储	能根据方案正确、熟练地存储采集到的数据	10	
	工作态度	态度端正，工作认真、主动	5	
	职业素质	能做到安全、文明、合法，爱护环境	5	
项目 成果 （30%）	工作完整	能按时完成任务	5	
	工作质量	能按计划完成工作任务	15	
	识读报告	能正确识读并准备成果展示各项报告材料	5	
	成果展示	能准确表达、汇报工作成果	5	
合计			100	

拓展思考

1. Scrapy 网络爬虫和 Requests 爬虫的区别是什么？
2. Scrapy 框架在爬虫应用中的优势是什么？
3. XPath 和 BeautifulSoup4 孰优孰劣？

单元 2　爬取动态网页

概述

　　动态网页，是指跟静态网页相对的一种网页编程技术。静态网页，随着 HTML 代码的生成，页面的内容和显示效果就基本上不会发生变化了（除非修改页面代码）；而动态网页则不然，页面代码虽然没有变，但是显示的内容却是可以随着时间、环境或者数据库操作的结果而发生改变的。

　　动态网站并不是指具有动画功能的网站，而是指网站内容可根据不同情况动态变更的网站，一般情况下动态网站通过数据库进行架构。动态网站除了要设计网页，还要通过数据库和编写程序来使网站具有更多自动的和高级的功能。动态网站的网页一般使用的是 ASP、JSP、PHP、ASPX 等技术，而静态网页一般是以 HTML（标准通用标记语言的子集）结尾的，动态网站服务器空间配置要比静态网页的要求高，费用也相应较高，不过动态网页有利于网站内容的更新，适合企业建站。动态是相对于静态网站而言的。

　　总之，动态网页是基本的 HTML 语法规范与 Java、VB、VC 等高级程序设计语言、数据库编程等多种技术的融合，以期实现对网站内容和风格的高效、动态和交互式的管理。因此，从这个意义上来讲，凡是结合了 HTML 以外的高级程序设计语言和数据库技术进行的网页编程技术生成的网页都是动态网页。

　　动态网页有如下几个重要功能特点：

- 动态网页一般以数据库技术为基础，可以大大降低网站维护的工作量。
- 动态网站可以实现交互功能，如用户注册、信息发布、产品展示、订单管理等。
- 动态网页并不是独立存在于服务器的网页文件，而是只有浏览器发出请求时才反馈网页的。
- 动态网页中包含服务器端脚本，所以页面文件名常以 asp、jsp、php 等为后缀。但也可以使用 URL 静态化技术，使网页后缀显示为 HTML。所以，不能以页面文件的后缀作为判断网站是动态或静态的唯一标准。

　　本单元教学导航如表 2-1 所示。

表 2-1　教学导航

知识重点	1. Python 库环境管理 2. Scrapy 网络交互 3. PhantomJS 软件安装与配置 4. Selenium 原理 5. Selenium 自动化操作 6. JSON 数据格式 7. JSON 数据解析 8. PyMySQL 数据存储 9. threading 多线程构建与管理 10. Pillow 图片裁剪与存储

（续表）

知识难点	1. Scrapy 网络交互 2. PhantomJS 软件安装与配置 3. Selenium 自动化操作 4. JSON 数据解析 5. PyMySQL 数据存储 6. Pillow 图片裁剪与存储
推荐教学方式	从学习情境任务书入手，通过对任务的解读，引导学生编制工作计划；根据标准工作流程，调整学生工作计划并提出决策方案；通过相关案例的实施演练，让学生掌握任务的实现流程及技能
建议学时	16 学时
推荐学习方法	根据任务要求获取信息，制订工作计划；根据教师演示，动手实践完成工作实施，掌握任务实现的流程与技能，并进行课后的自我评价与扩展思考
必须掌握的理论知识	1. Selenium 自动化操作 2. JSON 数据格式 3. Pillow 图片裁剪与存储
必须掌握的技能	1. JSON 数据解析 2. PhantomJS 软件安装与配置 3. Selenium 自动化操作 4. Pillow 图片裁剪与存储

学习情境 2.1　使用 Scrapy+JSON+PyMySQL 爬取百度图片数据

学习情境描述

1. 教学情境

通过对 Scrapy、JSON、MySQL 知识点的学习，以及对技术综合应用的操作，学习并掌握区分静态网页和动态网页交互、分析动态网页实际数据来源、获取动态网页交互数据的相关技能，最终达到使用 Scrapy 获取动态数据源，使用 JSON 解析动态数据，使用 PyMySQL 存储动态结构化数据 MySQL 数据库的目的。

2. 关键知识点

（1）Python 库环境管理。

（2）Scrapy 网络交互。

（3）JSON 数据格式。

（4）JSON 数据解析。

（5）PyMySQL 结构化存储。

3. 关键技能点

（1）Scrapy 网页及接口请求。

（2）JSON 数据解析。

（3）PyMySQL 结构化数据存储。

学习目标

1. 掌握 Python 模块库（Scrapy、JSON、PyMySQL 等）安装管理应用。
2. 能区分静态网页和动态网页。
3. 能根据实际情况，定位动态数据来源。
4. 理解 Scrapy 框架体系。
5. 理解 Scrapy 网络爬虫框架及原理。
6. 掌握 Scrapy 项目系统配置及爬虫策略配置。
7. 能使用 Scrapy 进行网页和接口数据采集工作。
8. 能使用 JSON 解析动态数据源。
9. 能使用 PyMySQL 完成 MySQL 结构化数据存储。

任 务 书

1. 完成通过 pip 命令安装及管理 Scrapy、JSON、PyMySQL 库。
2. 完成通过 Scrappy 获取列表数据、分页数据及多层级的百度图片数据网页源代码。
3. 完成通过 XPath 格式化网页源文档，并获取对应类型的百度图片数据。
4. 完成通过 PyMySQL 将解析到的百度图片数据结构化存储于本地 MySQL 中。

获取信息

引导问题 1：什么是动态网页？动态网页和静态网页有什么不同？

_____

_____

_____

_____

引导问题 2：如何定位动态网页数据源？

_____

_____

引导问题 3：如何获取动态网页数据源？

_____

_____

引导问题 4：动态网页数据是以什么样的格式或结构展现的？

_____

_____

引导问题 5：如何解析动态网页数据？

_____

_____

引导问题 6：如何将动态数据在 MySQL 中结构化存储？如何匹配动态数据结构和 MySQL 结构？

_____

_____

_____

_____

工作计划

1. 制订工作方案（见表 2-2）

根据获取到的信息进行方案预演，选定目标，明确执行过程。

表 2-2　工作方案

步骤	工作内容
1	
2	
3	
4	
5	
6	
7	
8	

2. 写出此工作方案执行的动态网页网络爬虫工作原理。

_____

_____

3. 列出工具清单（见表 2-3）

列出本次实施方案中所需要用到的软件工具。

表 2-3　工具清单

序号	名称	版本	备注
1			
2			
3			
4			
5			
6			
7			
8			

4. 列出技术清单（见表 2-4）

列出本次实施方案中所需要用到的软件技术。

表 2-4　技术清单

序号	名称	版本	备注
1			
2			
3			
4			
5			
6			
7			
8			

进行决策

1. 根据引导、构思、计划等，各自阐述自己的设计方案。
2. 对其他人的设计方案提出自己不同的看法。
3. 教师结合大家完成的情况进行点评，选出最佳方案，并写出最佳方案。

_____

_____

_____

_____

知识准备

为了实现任务目标"使用 Scrapy+JSON+PyMySQL 爬取百度图片数据"，需要学习的知识与技能如图 2-1 所示。

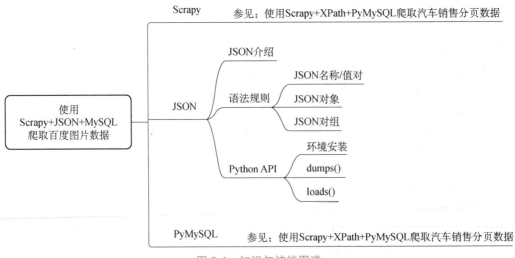

图 2-1　知识与技能图谱

2.1.1　JSON

JSON

1. JSON 介绍

JSON（JavaScript Object Notation，JS 对象简谱）是一种轻量级的数据交换格式。它基于 ECMAScript（欧洲计算机协会制定的 JS 规范）的一个子集，采用完全独立于编程语言的文本格式来存储和表示数据。简洁和清晰的层次结构使得 JSON 成为理想的数据交换语言，易于人阅读和编写，同时也易于机器解析和生成，并有效地提升网络传输效率。

JSON 是 Douglas Crockford 在 2001 年开始推广使用的数据格式，在 2005—2006 年正式成为主流的数据格式。

JSON 是存储和交换文本信息的语法，类似于 XML。JSON 比 XML 更小、更快、更易解析。

2. JSON 语法规则

JSON 使用 JavaScript 语法来描述数据对象，但是 JSON 仍然独立于语言和平台。

JSON 语法是 JavaScript 语法的子集，包括以下内容：

- 数据在名称/值对中。
- 数据由逗号分隔。
- 花括号保存对象。
- 方括号保存数组。

样例 2-1：观察 JSON 对象结构。

```
{
    "book": [
        {
            "id":"01",
            "language": "Java",
            "edition": "third",
            "author": "Herbert Schildt"
        },
        {
            "id":"07",
            "language": "C++",
            "edition": "second"
            "author": "E.Balagurusamy"
        }]
}
```

JSON 支持以下数据结构。

- 名/值对集合：这一数据结构由不同的键值对组成。
- 无序的对象结构：多个名称/值构成的封装体，类似字典表。
- 有序的值列表：包括数组、列表、向量或序列等。

（1）JSON 名称/值对

JSON 数据的书写格式是名称/值对。

名称/值对包括字段名称（在双引号中），后面写一个冒号，然后是值，语法如下：

```
"name": value
```

示例：

```
"firstName" : "John"
```

这很容易理解，等价于这条 JavaScript 语句：

```
firstName = "John"
```

其中，value 所对应的值可以是数字、字符串、逻辑值、数组、对象、null，具体描述如表 2-5 所示。

表 2-5　JSON 数据类型

类　　型	描　　述
数字型（Number）	JavaScript 中的整数或双精度浮点型格式
字符串型（String）	双引号包裹的 Unicode 字符和反斜杠转义字符
布尔型（Boolean）	True 或 False
数组（Array）	有序的值序列
值（Value）	可以是字符串、数字、True 或 False、null 等
对象（Object）	无序的键值对集合
null	空

（2）JSON 对象

JSON 对象在大括号（{}）中书写，对象可以包含多个 key/value（键/值）对。其中：

① key 必须是字符串，value 可以是合法的 JSON 数据类型（字符串、数字、对象、数组、布尔值或 null）。

② key 和 value 中使用英文冒号（:）分隔。

③ 每个 key/value 对使用英文逗号（,）分隔。

数据结构如下：

```
{
    "键名 1":值 1,
    "键名 2":值 2,
    ……
    "键名 n":值 n
}
```

示例：

```
{
"name":"w3cschool",
"alexa":8000,
"site":null
}
```

JSON 对象可以使用 JavaScript 创建。我们来看看使用 JavaScript 创建 JSON 对象的各种方式。

- 创建一个空对象：

```
var JSONObj = {};
```

- 创建一个新对象：

```
var JSONObj = new Object();
```

- 创建一个 bookname 属性值为字符串，price 属性值为数字的对象，可以通过使用 '.' 运算符访问属性。

```
var JSONObj = { "bookname ":"VB BLACK BOOK", "price":500 };
```

示例：构建一个对象数据，并声明属性 firstName 和 lastName。

```
{ "firstName":"John", "lastName":"Doe" }
```

这很容易理解，等价于这条 JavaScript 语句：

```
firstName = "John"
lastName = "Doe"
```

获取到 JSON 对象之后，就可以单独访问 JSON 对象的值。

- 可以使用点号（.）来访问对象的值：

```
myObj = { "name":"w3cschool", "alexa":8000, "site":null };
x = myObj.name;
```

- 可以使用中括号（[]）来访问对象的值：

```
myObj = { "name":"w3cschool", "alexa":8000, "site":null };
x = myObj["name"];
```

它与访问 JSON 对象的值等同，也可以使用相同的方式修改 JSON 对象的值。

- 可以使用点号（.）来修改对象的值：

```
myObj.sites.site1 = "www.w3cschool.cn";
```

- 可以使用中括号（[]）来修改对象的值：

```
myObj.sites["site1"] = "www.w3cschool.cn";
```

（3）JSON 数组

JSON 数组结构是用中括号"[]"括起来的，中括号内部由 0 个或多个以英文逗号","分隔的值列表组成。

数据结构如下：

```
[
    {
        "键名 1":值 1,
```

```
            "键名 2":值 2
        },
        {
            "键名 3":值 3,
            "键名 4":值 4
        },
        ......
    ]
```

示例：

```
{
"employees": [
{ "firstName":"John", "lastName":"Doe" },
{ "firstName":"Anna", "lastName":"Smith" },
{ "firstName":"Peter", "lastName":"Jones" }
]
}
```

在上面的例子中，对象 "employees" 是包含三个对象的数组。每个对象代表一条关于某人（有姓和名）的记录。

3. Python 中使用 JSON

在 Python 中要操作 JSON 数据对象，需要使用 JSON 模块。

因 JSON 模块为 Python 内置模块，在环境安装时已自动安装上，所以可以直接使用框架库，无须额外安装。

且因为 JSON 模块是在安装包中自带的，所以使用 pip 无法检测，可以通过使用验证安装。

```
$ python
Python 3.7.2(tags/v3.7.2:9a3ffc0492, Dec 23 2018, 23:09:28)[MSC v.1916 64
bit
(AMD64)] on win32
Type "help", "copyright", "credits" or "license" for more information.
>>> import json
>>>
```

在 JSON 模块中，主要是对 Python 数据进行编码和解码，分别对应函数 dumps()、loads()。以下具体介绍与其使用相关的知识。

（1）dumps()

json.dumps()：对数据进行编码，将 Python 对象编码成 JSON 字符串。

语法如下：

```
json.dumps(obj, skipkeys=False, ensure_ascii=True, check_circular=True,
allow_nan=True, cls=None, indent=None, separators=None, encoding="utf-8",
default=None, sort_keys=False, **kw)
```

Python 对象转换为 JSON 数据会有类型转化，dumps 转化对照表如表 2-6 所示。

表 2-6　dumps()转化对照表

Python	JSON
dict	object
list，tuple	array
str，unicode	string
int，long，float	number
True	true
False	false
None	null

样例 2-2： 将数组编码为 JSON 格式数据并进行格式化输出。

```python
import json

data = [ { 'a' : 1, 'b' : 2, 'c' : 3, 'd' : 4, 'e' : 5 } ]

# 转换数组为 JSON 对象
data1 = json.dumps(data)
print(data1)

# 使用参数让 JSON 数据格式化输出
data2 = json.dumps({'a': 'Runoob', 'b': 7}, sort_keys=True, indent=4,
separators=(',', ': '))
print(data2)
```

运行程序，输出结果如下：

```
[{"a": 1, "c": 3, "b": 2, "e": 5, "d": 4}]

{
    "a": "Runoob",
    "b": 7
}
```

（2）loads()

json.loads()：对数据进行解码，将 JSON 字符串解码成 Python 对象。

语法如下：

```
json.loads(s[, encoding[, cls[, object_hook[, parse_float[, parse_int[,
parse_constant[, object_pairs_hook[, **kw]]]]]]]])
```

JSON 数据转换为 Python 对象会有类型转化，loads()转化对照表如表 2-7 所示。

表 2-7 loads()转化对照表

JSON	Python
object	dict
array	list
string	unicode
number（int）	int，long
number（real）	float
true	True
false	False
null	None

样例 2-3：将 JSON 格式字符串转换为 Python 的 JSON 对象。

```
import json

jsonData = '{"a":1,"b":2,"c":3,"d":4,"e":5}';

text = json.loads(jsonData)
print(text)
print(text['a'])
```

运行程序，输出结果如下：

```
{'a': 1, 'b': 2, 'c': 3, 'd': 4, 'e': 5}
1
```

相关案例

按照本单元所涉及的知识面及知识点，准备下一步工作实施的参考案例，展示项目案例"使用 Scrapy+JSON+PyMySQL 爬取百度图片数据"的实施过程。

获取百度图片
列表数据 1

按照网络爬虫的实际项目开发过程，以下展示的是具体流程。

1. 确定目标网页

在正式开始进行网络爬虫之前，需要先明确我们的爬虫目标及最终的结果，然后以此来确定目标地址、目标内容与目标数据结构等。

本次的爬虫目标是获取百度图片数据。

针对本次的网络爬虫目标，我们可以直接定位到目标网站。百度图片首页如图 2-2 所示。

由图 2-2 可知，百度图片首页下所有合辑的设计样式、数据逻辑均一致，任选一合辑进行分析即可。本次操作选择"风景旅行"下的"山水城市唯美风景图"，网页效果如图 2-3 所示。

图 2-2　百度图片首页

图 2-3　山水城市唯美风景图页面

2. 分析并确定目标数据

对应本次目标任务，根据第一步所确定的网页"山水城市唯美风景图"，我们所需要的数据直接指向每一张图片的数据。

调用 Web 调试窗口查看，定位到图片上，内容如图 2-4 所示。从调试窗口可以看到，每张图片有如下内容：链接地址、索引、网页宽度、网页高度。

通过查看网页源代码，定位到当前图片带有属性 class="albumsdetail-column" 的 div 节点位置，如图 2-5 所示，但边上找不到对应节点 div。以此往上，最终定位到 id="bd-albumsdetail-content"的 div 节点，如图 2-6 所示，网页源代码中无任何子节点。

通过以上分析，得到结论：这是一个动态网页，虽然网页分析中含有图片的基本数据信息，但无法通过静态网页源代码数据获取。

图 2-4　Web 调试定位功能图

图 2-5　网页源代码定位节点（1）

图 2-6　网页源代码定位节点（2）

通过以上结论与网页源代码，可以查看出当前网页的数据源是通过 JS 动态注入网页并展示的，那我们如何来获取这些数据源呢？通过 Requests 获取网页源数据并定位解析 JS 源代码，或者使用 Mechanize 模拟浏览器操作，读取渲染后的网页，这样可以吗？

在网页中操作发现，此网页图片内容会在滑动到底部加载下一批图片，并将图片再次渲染到页面中，那这些数据又是如何加载的呢？

通过 Web 调试窗口，观察网页数据加载过程及内容发现，在 Network 视图窗口（此前所有加载记录已清理），在滑动加载更多数据的同时，页面发起了如图 2-7 所示的请求。

通过对比及查看网页源代码得知，数据并不是加载在 HTML 静态源码中，而是 JS 动态载入的。如此，我们切换视图窗口到 Network 的 XHR（XMLHttpRequest，一种浏览器 API，也就是熟知的 AJAX 数据交互模式）视图窗口，如图 2-8 所示。

（a）

图 2-7　分析 Network 加载视图

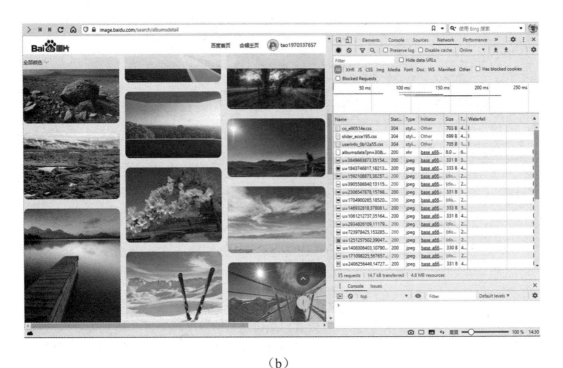

（b）

图 2-7　分析 Network 加载视图（续）

图 2-8　分析 XHR 加载视图

　　为了验证猜测与数据的真实有效性，分别进行如下操作：向下滑动加载更多页面；查看 XHR 中请求的具体内容；根据规律，回测第一次加载数据的有效性。结果分别如图 2-9～图 2-11 所示。

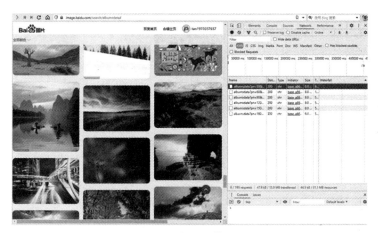

图 2-9　连续加载分析

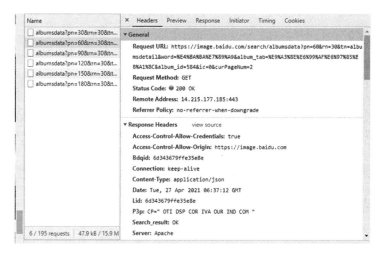

（a）

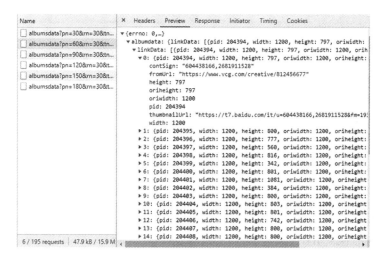

（b）

图 2-10　XHR 请求详情

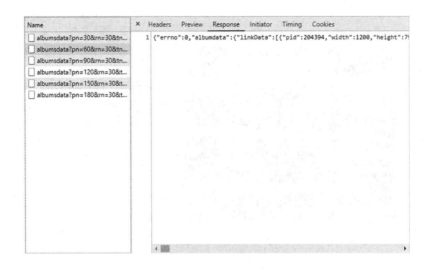

（c）

图 2-10　XHR 请求详情（续）

图 2-11　回测第一页加载数据

经过以上过程分析，得到结论：百度图片合辑数据来源是通过 XHR（AJAX）的方式实时加载的，并通过 JS 注入的方式渲染到页面中，其请求地址为 https://image.baidu.com/search/albumsdata，并附有一系列参数，具体如下。

- pn：起始请求位置。
- rn：请求条数或每页条数。
- tn：请求目标。
- word：请求关键字。
- album_tab：图片合辑。
- album_id：合辑 ID。
- ic：0。
- curPageNum：当前页码。

根据数据交互结果，得到本次目标数据结构的字段有标签（contSign）、来源（fromUrl）、显示高度（height）、显示宽度（width）、原始高度（oriheight）、原始宽度（oriwidth）、pid、
缩略图地址（thumbnailUrl）。

3. 安装环境

本次项目使用环境为：

获取百度图片
列表数据 2

- 本地语言环境：Python 3.8。
- 编译工具：PyCharm 2021.2。
- 网络请求框架：Scrapy 2.4.1。
- 网页解析框架：JSON。
- 数据存储框架：PyMySQL 1.0.2。

为确保正常开发，需明确相关环境（Scrapy、JSON、PyMySQL）已正常准备，可以使
用 pip 命令进行环境安装，以下是具体操作：

```
$ pip install Scrapy
$ pip install PyMySQL
```

4. 构建项目

因使用的是 Scrapy 框架，所以直接使用 Scrapy 命令构建带有 Scrapy 配置和结构的项目。
（1）构建项目

```
$ scrapy startproject Learning_Situation_4
```

（2）构建 Spider

```
$ cd Learning_Situation_4
$ scrapy genspider images image.baidu.com
```

（3）打开项目

使用 PyCharm 打开项目"Learning_Situation_4"，效果如图 2-12 所示。

图 2-12 项目结构图

5. 编写数据采集程序

在创建的项目"Learning_Situation_4"的 spiders 文件夹下的 images.py 文件中编辑网页爬虫程序流程。

因本案例数据采集与解析混杂，所以并不单独描述，以下是具体操作步骤。

（1）调整初始配置

```
class ImagesSpider(scrapy.Spider):
    name = 'images'
    allowed_domains = ['image.baidu.com']
# start_urls = ['http://image.baidu.com/']
```

（2）重写请求函数

因百度图片网页请求有诸多限制，所以特将请求添加 headers 配置，重写请求函数，并注释掉 start_urls。

```
curPageNum = 0
    url = Utils_Images.url_constructor(curPageNum=curPageNum)
    headers = {
        'Accept': 'application/json, text/javascript, */*; q=0.01',
        'Accept-Encoding': 'gzip, deflate, br',
        'Accept-Language': 'zh-CN,zh;q=0.9',
        'Connection': 'keep-alive',
        'Cookie': 'winWH=%5E6_1502x738; BDIMGISLOGIN=0; BDqhfp=%E5%A3%81%
E7%BA%B8%26%2600-10-1undefined%26%260%26%261; BIDUPSID=E010F2CC19A8984FF329F
2CCCE0FEA3F; PSTM=1614914601; BDUSS=HdoQn5WbmEtUGNYcVdiWlZycEo3d010alFjVm1-
SVRuZnRUR05Pd1VzYmd4SXhnSVFBQUFBBJCQAAAAAAAAAAEAAACe8gaqdGFvMTk3MDMzNzZlY1NwAA
AAAAAAAAAAAAAAAAAAAAAAAAAAAAAAAAAAAAAAAAAAAAAAAAAAAAAAAAAAAAAAOA3ZWDgN2Vg
O; BDUSS_BFESS=HdoQn5WbmEtUGNYcVdiWlZycEo3d010alFjVm1-SVRuZnRUR05Pd1VzYmd4SX
hnSVFBQUFBBJCQAAAAAAAAAAEAAACe8gaqdGFvMTk3MDMzNzZlY1NwAAAAAAAAAAAAAAAAAAAAAAA
AAAAAAAAAAAAAAAAAAAAAAAAAAAAAAAAAAAAAAOA3ZWDgN2VgO; __yjs_duid=1_17d8c1
113cd810ad3d5e581d8f2d94e71618207045220; firstShowTip=1; BAIDUID=11A0F8342D3
340CFFED737F9D681A1C5:FG=1; MCITY=-75%3A; delPer=0; BAIDUID_BFESS=11A0F8342
D3340CFFED737F9D681A1C5:FG=1; BCLID=10511382866161875943; BDSFRCVID=j0DOJeCm
Hl_2fFoeq4qYudsKweKK0gOTHlxLg2Fd52Sc0EtVJeC6EG0Ptf8g0Ku-bPIQogKK0gOTH6KF_2ux
Ojjg8UtVJeC6EG0Ptf8g0M5; H_BDCLCKID_SF=tJ-OVCP2tI03DJ-kM5bB5t6H-UnLqM5U02OZ0
18KtqjvS4oN3-o8XjDt3q5d-P3-J66ksl7mWILWDfb45TrE0TD7ytAfLJTN5Cc4KKJxfUKWeIJo5
t5_BPjbhUJiBMnLBan7356IXKohJh7FM4tW3J0ZyxomtfQxtNRJ0DnjtnLhbC8ljj0KDjbbepJf-
K6ebITQWnj--nRHJJ54q4bohjPn3Pb9BtQmJJrChtncMRcqjlbbbqoKBn0ObHbf2R3HQg-q0DO-
4bUeMnd-qKbBPFyDloh0x-jLgOhVn0MW-5DspA6hPnJyUPUhtnnBPtL3H8HL4nv2JcJbM5m3x6qL
TKkQN3T-PKO5bRh_CFytI_-MKD9enJb5IC3bfOtetJXfKLjKp7F5lOVObR3D4jPhPLLjhQk-43eW
5v-ahkM5h7xObR9X-tKQ430DRb2JUQJQeQ-5KQN3KJmfbL9bT3v5DuV0-rI2-biWbRM2MbdJqvP_
IoG2Mn8M4bb3qOpBtQmJeTxoUJ25DnJhhCGe4bK-TrLDNtjtf5; BCLID_BFESS=105113828661
61875943; BDSFRCVID_BFESS=j0DOJeCmHl_2fFoeq4qYudsKweKK0gOTHlxLg2Fd52Sc0EtVJe
C6EG0Ptf8g0Ku-bPIQogKK0gOTH6KF_2uxOjjg8UtVJeC6EG0Ptf8g0M5; H_BDCLCKID_SF_BFE
```

SS=tJ-OVCP2tI03DJ-kM5bB5t6H-UnLqM5U02OZO18KtqjvS4oN3-o8XjDt3q5d-P3-J66ks17mW
ILWDfb45TrE0TD7ytAfLJTN5Cc4KKJxfUKWeIJo5t5_BPjbhUJiBMnLBan7356IXKohJh7FM4tW3
J0ZyxomtfQxtNRJ0DnjtnLhbC81jj0KDjbbepJf-K6ebITQWnj--nRHJJ54q4bohjPn3Pb9BtQmJ
JrChtncMRcqjlbbbqoKBn0ObHbf2R3HQg-q0DO--4bUeMnd-qKbBPFyDloh0x-jLgOhVn0MW-5Ds
pA6hPnJyUPUhtnnBPtL3H8HL4nv2JcJbM5m3x6qLTKkQN3T-PKO5bRh_CFytI_-MKD9enJb5IC3b
fOtetJXfKLjKp7F5lOVObR3D4jPhPLLjhQk-43eW5v-ahkM5h7xObR9X-tKQ430DRb2JUQJQeQ-5
KQN3KJmfbL9bT3v5DuV0-rI2-biWbRM2MbdJqvP_IoG2Mn8M4bb3qOpBtQmJeTxoUJ25DnJhhCGe
4bK-TrLDNtjtf5; BDRCVFR[feWj1Vr5u3D]=I67x6TjHwwYf0; H_PS_PSSID=; BDRCVFR[C0
p6oIjvx-c]=mk3SLVN4HKm; PSINO=6; ZD_ENTRY=bing; BDRCVFR[X_XKQks0S63]=mk3SLVN4
HKm; BDRCVFR[0_FPWPLXdzb]=mk3SLVN4HKm; BDRCVFR[Q5XHKaSBNfR]=mk3SLVN4HKm; BDRCVFR
[dG2JNJb_ajR]=mk3SLVN4HKm; BDRCVFR[-pGxjrCMryR]=mk3SLVN4HKm; userFrom=null;
ab_sr=1.0.0_MTcwNTE3MmZjMWVhODg2YTc4YmJmNWFkMzIxNTgwNWQxOTQxZmNjMzlkNGU4Zjlk
YjQ0ODcyMzllNjgyNjN1OWI1MGE4NDVlNTRmMjExNjFkN2VjYjlkYjc1ZWU5NWYzNDA1ODE5YzE4
ZjQ2YTQ3MjRkYYWEzYTE0MWM51NjQ0MTc=',
            'Host': 'image.baidu.com',
            'Referer': 'https://image.baidu.com/search/albumsdetail?tn=albumsd
etail&word=%E4%BA%BA%E7%89%A9&fr=albumslist&album_tab=%E9%A3%8E%E6%99%AF%E6%
97%85%E8%A1%8C&album_id=596&rn=30',
            'Sec-Fetch-Dest': 'empty',
            'Sec-Fetch-Mode': 'cors',
            'Sec-Fetch-Site': 'same-origin',
            'User-Agent': 'Mozilla/5.0(Windows NT 10.0; Win64; x64)AppleWebKit/
537.36(KHTML, like Gecko)Chrome/84.0.4147.108 Safari/537.36',
            'X-Requested-With': 'XMLHttpRequest',
            'Content-Type': 'application/json'
    }

    def start_requests(self):
        yield scrapy.Request(url=Utils_Images.url_constructor(curPageNum=
self.curPageNum), callback=self.parse, headers=self.headers)

（3）获取相应数据，并将其转换为 Python 对象

```
def parse(self, response, **kwargs):
    print(response.text)


    imagesJson = json.loads(response.text)
```

（4）解析 JSON 数据

解析 JSON 数据，并构建迭代生成器，因为 JSON 是格式化结构数据，所以并不需要对数据进行转换，可直接传输给 MySQL 存储管道；发起二次请求，请求下一页数据，并判断请求链路是否应该结束。

```
    def parse(self, response, **kwargs):
```

```
        print(response.text)

        imagesJson = json.loads(response.text)
        if imagesJson['errno'] == 0:

            linkData = imagesJson['albumdata']['linkData']

            for image in linkData:
                yield image

            if len(linkData)== 30:
                self.curPageNum += 1
                yield scrapy.Request(url=Utils_Images.url_constructor(curPage
Num=self.curPageNum), callback=self.parse, headers=self.headers)

            elif len(linkData)>= 0:
                print('到最后页,停止数据采集')

            else:
                print('数据异常')
```

6. 编写数据存储程序

（1）导入模块

获取百度图片
列表数据 3

```
import pymysql
```

（2）构建 MySQL 数据存储管道流对象

```
class ImagesPipeline:

    def __init__(self):
        self.conn = pymysql.connect(host='localhost', user='root', password=
'root', database='Learning_Situation_4')
        self.cursor = self.conn.cursor()

    def process_item(self, item, spider):
        insertSQL =('insert into Images'
                    '(pid, width, height, oriwidth, oriheight, thumbnailUrl,
fromUrl, contSign)'
                    'values'
                    '("{}","{}","{}","{}","{}","{}","{}","{}")')\
            .format(item['pid'], item['width'], item['height'], item['ori
width'], item['oriheight'],
                    item['thumbnailUrl'], item['fromUrl'], item['contSign'])
        self.cursor.execute(insertSQL)
        self.conn.commit()
```

```
            return item

    def close_spider(self, spider):
        self.cursor.close()
        self.conn.close()
```

7. 运行程序

（1）调整项目配置"settings.py"

```
# Obey robots.txt rules
# 根据项目和目标源地址的情况,设置是否遵从该网络协议
ROBOTSTXT_OBEY = True


# Configure item pipelines
# See https://docs.scrapy.org/en/latest/topics/item-pipeline.html
# 打开管道流配置项
ITEM_PIPELINES = {
    'Learning_Situation_4.pipelines.ImagesPipeline': 300,
}
```

（2）运行程序

在 PyCharm 的 Terminal 窗口中，定位到当前项目目录地址下，调用 Scrapy 命令运行 Spider 程序。

```
scrapy crawl images
```

8. 效果截图

运行程序，采集数据并存储于 MySQL 中，效果如图 2-13、图 2-14 所示。

（a）

图 2-13　程序运行效果截图

Python 网络爬虫

（b）

（c）

图 2-13　程序运行效果截图（续）

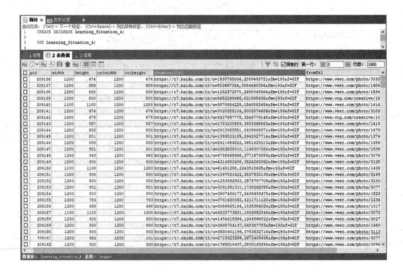

（a）

图 2-14　MySQL 效果截图

112

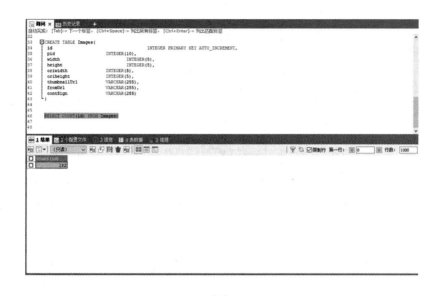

（b）

图 2-14　MySQL 效果截图（续）

工作实施

按照制订的最佳方案进行项目开发，填充相应的工作流程内容。

评价反馈

各自完成学习情境的开发并展示作品，介绍任务的完成过程，作品展示前应准备阐述材料，并完成评价。

1. 学生进行自我评价（见表 2-8）。

表 2-8　学生自评表

班级：	姓名：		学号：	
学习情境	使用 Scrapy+JSON+PyMySQL 爬取百度图片数据			
评价项目	评价标准		分值	得分
Python 环境管理	能正确、熟练使用 Python 工具管理开发环境		10	
解读数据结构	能正确、熟练使用网页工具解读接口数据结构		10	

（续表）

评价项目	评价标准	分值	得分
方案制作	能根据技术能力快速、准确地制订工作方案	10	
采集接口源数据	能根据方案正确、熟练地采集接口源数据	15	
解析 JSON 数据	能根据方案正确、熟练地解析 JSON 数据	15	
数据存储操作	能根据方案正确、熟练地存储数据到 MySQL	15	
项目开发能力	根据项目开发进度及应用状态评价开发能力	10	
工作质量	根据项目开发过程及成果评定工作质量	15	
合计		100	

2. 学生展示过程中，以个人为单位，对以上学习情境过程与结果进行互评（见表 2-9）。

表 2-9 学生互评表

学习情境		使用 Scrapy+JSON+PyMySQL 爬取百度图片数据									
评价项目	分值	等级							评价对象			
									1	2	3	4
计划合理	10	优	10	良	9	中	8	差	6			
方案准确	10	优	10	良	9	中	8	差	6			
工作质量	20	优	20	良	18	中	15	差	12			
工作效率	15	优	15	良	13	中	11	差	9			
工作完整	10	优	10	良	9	中	8	差	6			
工作规范	10	优	10	良	9	中	8	差	6			
识读报告	10	优	10	良	9	中	8	差	6			
成果展示	15	优	15	良	13	中	11	差	9			
合计	100											

3. 教师对学生工作过程和工作结果进行评价（见表 2-10）。

表 2-10 教师综合评价表

班级：　　　　　　　　姓名：　　　　　　　　学号：

学习情境		使用 Scrapy+JSON+PyMySQL 爬取百度图片数据		
评价项目		评价标准	分值	得分
考勤（20%）		无无故迟到、早退、旷课现象	20	
工作过程（50%）	环境管理	能正确、熟练使用 Python 工具管理开发环境	5	
	方案制作	能根据技术能力快速、准确地制订工作方案	5	
	数据采集	能根据方案正确、熟练地采集接口源数据	10	
	数据解析	能根据方案正确、熟练地解析 JSON 数据	10	
	数据存储	能根据方案正确、熟练地存储数据到 MySQL	10	
	工作态度	态度端正，工作认真、主动	5	
	职业素质	能做到安全、文明、合法，爱护环境	5	

（续表）

评价项目		评价标准	分值	得分
项目 成果 （30%）	工作完整	能按时完成任务	5	
	工作质量	能按计划完成工作任务	15	
	识读报告	能正确识读并准备成果展示各项报告材料	5	
	成果展示	能准确表达、汇报工作成果	5	
合计			100	

拓展思考

1. 动态网页和静态网页的区别是什么？

2. 如何定位动态网页数据源？

3. 还可以用什么方式获取动态网页数据？

学习情境 2.2　使用 Selenium+PhantomJS 爬取漫画数据

学习情境描述

1. 教学情境

通过对 Selenium、PhantomJS、threading、Pillow 知识点的学习和技术综合应用的操作，学习并掌握区分静态网页和动态网页交互、分析动态网页实际数据来源、模拟浏览器访问网页、模拟用户操作浏览器、获

Selenium 和
PhantomJS 的安装

取动态网页交互数据等技能。本学习情境中要求使用 Selenium 模拟浏览器与用户行为操作、使用 PhantomJS 提供的无界面浏览器支持与滚动截屏支持，使用 threading 构建多线程数据采集，使用 Pillow 裁剪处理并保存目标图片。

2. 关键知识点

（1）Python 库环境管理。

（2）PhantomJS 软件安装与配置。

（3）理解 Selenium 框架。

（4）掌握 Selenium 原理。

（5）Selenium 自动化操作。

（6）threading 多线程构建与管理。

（7）Pillow 图片裁剪与存储。

3. 关键技能点

（1）PhantomJS 软件安装与配置。

（2）Selenium 自动化操作。

（3）threading 多线程构建与管理。

（4）Pillow 图片裁剪与存储。

学习目标

1. 掌握 Python 模块库（Selenium、threading、Pillow 等）安装管理应用。
2. 掌握 PhantomJS 软件安装与配置。
3. 能区分静态网页和动态网页。
4. 能根据实际情况定位动态数据来源。
5. 理解 Selenium 自动化框架及原理。
6. 掌握 Selenium 运行环境和项目配置。
7. 能使用 Selenium 模拟浏览器操作和用户行为操作。
8. 能使用 threading 构建和管理多线程爬虫任务。
9. 能使用 Pillow 对图片进行裁剪和存储。

任 务 书

1. 通过 pip 命令安装及管理 Selenium、threading、Pillow 库。
2. 通过 Selenium 模拟浏览器的请求，模拟用户行为操作，获取动漫作品的章节列表及章节漫画图片原型。
3. 通过 threading 构建和管理多线程爬虫任务。
4. 通过 Pillow 的相关模块完成对图片进行裁剪和存储操作。

获取信息

引导问题 1：网页中列表数据和图片加载方式有几种？网页数据列表是如何加载的？动态加载和静态加载有什么不同？

_____

_____

_____

引导问题 2：如何定位动态网页列表数据源和图片数据源？

_____

引导问题 3：除了 Requests 或 Scrapy 直接请求地址的方式外，还可以通过哪些方式获取动态网页数据和图片数据？

_____

引导问题 4：如何通过 Selenium 获取动态加载的网页图片？

_____

_____

引导问题 5：如何通过 Selenium 技术实现网页截屏？

引导问题 6：如何将图片进行裁剪并本地化存储？可以通过哪些技术对图片进行裁剪与存储？如何使用 Pillow 库对图片进行裁剪与存储？

工作计划

1. 制订工作方案（见表 2-11）

根据获取到的信息进行方案预演，选定目标，明确执行过程。

表 2-11　工作方案

步骤	工作内容
1	
2	
3	
4	
5	
6	
7	
8	

2. 写出此工作方案执行的动态网页网络爬虫工作原理

3. 列出工具清单（见表 2-12）

列出本次实施方案中所需要用到的软件工具。

表 2-12　工具清单

序号	名称	版本	备注
1			
2			
3			
4			
5			
6			

（续表）

序号	名称	版本	备注
7			
8			

4. 列出技术清单（见表 2-13）

列出本次实施方案中所需要用到的软件技术。

表 2-13　技术清单

序号	名称	版本	备注
1			
2			
3			
4			
5			
6			
7			
8			

进行决策

1. 根据引导、构思、计划等，各自阐述自己的设计方案。
2. 对其他人的设计方案提出自己不同的看法。
3. 教师结合大家完成的情况进行点评，选出最佳方案，并写出最佳方案。

_____

_____

_____

知识准备

为了实现任务目标"使用 Selenium+PhantomJS 爬取漫画数据"，需要学习的知识与技能如图 2-15 所示。

2.2.1　PhantomJS

1. PhantomJS 介绍

PhantomJS 是一个无界面的、可脚本编程的 WebKit 浏览器引擎。它可以在 Windows、macOS、Linux 和 FreeBSD 系统上运行。

使用 QtWebKit 作为后端，它为各种 Web 标准提供快速和本地支持，如 DOM 处理、CSS 选择器、JSON、画布和 SVG。

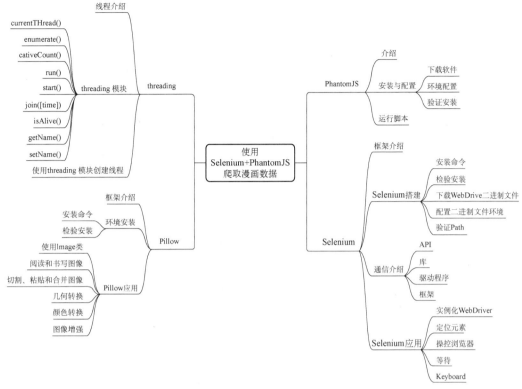

图 2-15　知识与技能图谱

PhantomJS 有如下特点：

● PhantomJS 是一个基于 WebKit 内核、无界面的浏览器，只是其单击、翻页等人为相关操作需要程序设计实现。

● PhantomJS 提供 JavaScript API 接口，可以通过编写 JS 程序直接与 WebKit 内核交互。

● PhantomJS 的应用：无须浏览器的 Web 测试、网页截屏、页面访问自动化、网络监测。

2. PhantomJS 安装与配置

PhantomJS 是一款无界面浏览器，也是一款软件，要在各大平台上使用，需要首先安装并进行配置。本次操作平台为 Windows，以下是相关操作。

（1）下载软件

到官网下载 phantomjs-2.1.1-windows.zip 后将其解压到本地文件夹即可。

（2）环境配置

定位到 phantomjs.exe 所在地址，此处演示地址为 "C:\Software\phantomjs-2.1.1-windows\bin"，将其添加到系统环境变量中。

系统配置位置：控制面板→系统和安全→系统→高级系统设置→环境变量→系统变量。

编辑系统变量中的 Path，添加配置如图 2-16 所示。

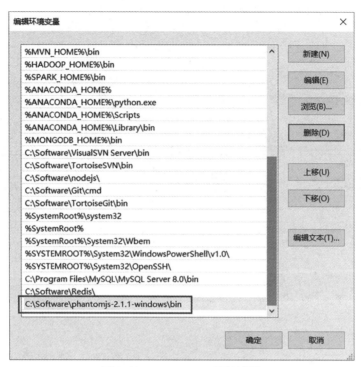

图 2-16 PhantomJS 环境配置

（3）验证安装

使用快捷键打开 CMD 命令窗口，输入查看 PhantomJS 的版本，效果如图 2-17 所示。

图 2-17 PhantomJS 安装验证

3. PhantomJS 运行脚本

PhantomJS 是一款无界面浏览器，也可以使用 PhantomJS 命令行工具运行 JS 脚本。
PhantomJS 运行脚本案例如图 2-18 所示。

图 2-18   PhantomJS 运行脚本

因本书主要目的是介绍网页爬虫，对 PhantomJS 的使用主要是结合 Selenium 进行无界面自动化操作，所以其他 API 不做介绍，大家可以自行了解。

2.2.2 Selenium

1. Selenium 框架介绍

Selenium 是支持 Web 浏览器自动化的一系列工具和库的综合项目。

它提供了扩展来模拟用户与浏览器的交互，用于扩展浏览器分配的分发服务器，以及用于实现 W3C WebDriver 规范的基础结构，该规范允许你为所有主要的 Web 浏览器编写可互换的代码。

Selenium 的核心是 WebDriver，这是一个编写指令集的接口，可以在许多浏览器中互换运行。这里有一个最简单的说明。

样例 2-4：Selenium 使用演示。

```
from selenium import webdriver
from selenium.webdriver.common.by import By
from selenium.webdriver.common.keys import Keys
from selenium.webdriver.support.ui import WebDriverWait
from selenium.webdriver.support.expected_conditions import presence_of_
element_located

#This example requires Selenium WebDriver 3.13 or newer
with webdriver.Firefox()as driver:
    wait = WebDriverWait(driver, 10)
    driver.get("https://google.com/ncr")
    driver.find_element(By.NAME, "q").send_keys("cheese" + Keys.RETURN)
    first_result = wait.until(presence_of_element_located((By.CSS_SELECTOR,
"h3")))
    print(first_result.get_attribute("textContent"))
```

2. Selenium 搭建

在 Python 中要使用相关库或模块内容，需要在 Python 管理环境中存在。Selenium 设置与其他商业工具的设置完全不同。要在自动化项目中使用 Selenium，首先需要安装语言绑定库。此外，对于要自动运行并测试的浏览器，还需要下载 WebDriver 二进制文件。

（1）安装 Selenium

可以使用 pip 命令安装 Python 的 Selenium 库，语法如下：

```
$ pip install Selenium
```

（2）验证安装

可以使用 pip 命令验证 Selenium 库的安装成果，语法如下：

```
$ pip list
```

在已安装列表中显示了 Selenium 及其对应版本，表明 Selenium 库安装成功。

（3）下载 WebDriver 二进制文件

通过 WebDriver，Selenium 支持市面上所有主流的浏览器，如 Chrome、Firefox、Internet Explorer、Opera 和 Safari。尽管并非所有浏览器都对远程控制提供官方支持，但 WebDriver 尽可能使用浏览器的内置自动化支持来驱动浏览器。

尽管所有的驱动程序共享一个面向用户的界面来控制浏览器，但它们设置浏览器会话的方式略有不同。由于许多驱动程序的实现是由第三方提供的，所以它们不包括在标准的 Selenium 发行版中。

驱动程序实例化、配置文件管理和各种特定的浏览器的设置都是具体参数的例子，这些参数根据浏览器有不同的需求。

表 2-14 中罗列了常见浏览器及其对应的 WebDriver 二进制文件下载地址。

表 2-14　WebDriver 二进制资源

浏览器	支持的操作系统	维护者	下载地址
Chromium/Chrome	Windows/macOS/Linux	谷歌	https://chromedriver.storage.googleapis.com/index.html
火狐	Windows/macOS/Linux	Mozilla	https://github.com/mozilla/geckodriver/releases
Edge	Windows 10	微软	https://developer.microsoft.com/en-us/microsoft-edge/tools/webdriver
Internet Explorer	Windows	Selenium 项目组	https://selenium-release.storage.googleapis.com/index.html
Safari	macOS El Capitan 及更高版本	苹果	内置
Opera	Windows/macOS/Linux	Opera	https://github.com/operasoftware/operachromiumdriver/releases

（4）配置二进制文件环境

大多数驱动程序需要 Selenium 额外的可执行文件才能与浏览器通信。你可以在启动 WebDriver 之前手动指定可执行文件的存放位置，但这会使测试的可移植性降低，因为可执行文件必须位于每台计算机上的同一位置，或包含在测试代码存储库中。

通过将包含 WebDriver 二进制文件的文件夹添加到系统 Path 环境变量中，Selenium 将能够找到其他二进制文件，而无须编写测试代码来定位驱动程序的确切位置。
- 选择或创建目录，存放可执行二进制文件，如 C:\WebDriver\bin。
- 将目录添加到 Path 路径中，配置如图 2-19 所示。

图 2-19　WebDriver 环境配置

（5）验证 Path

打开命令行窗口，输入 WebDriver 名称，查看驱动程序启动的输出，效果如图 2-20 所示。

图 2-20　WebDriver 环境配置验证

3. WebDriver 通信介绍

Selenium 有很多功能，但其核心是 Web 浏览器自动化的一个工具集，它使用最好的技术来远程控制浏览器实例，并模拟用户与浏览器的交互。

它允许用户模拟终端用户执行的常见活动：将文本输入到字段中，

WebDriver

123

选择下拉值和复选框，并单击文档中的链接。它还提供许多其他控件，比如鼠标移动、任意 JavaScript 执行等。

虽然 Selenium 主要用于网站的前端测试，但其核心是浏览器用户代理库。这些接口在应用程序中无处不在，它们鼓励与其他库进行组合，以满足我们操作的目的。

WebDriver 的目标是尽可能模拟真实用户与浏览器的交互。

使用 WebDriver 构建测试套件需要理解并有效地使用许多不同的组件。下面是几个专业术语。

- API：应用程序编程接口。这是一组用来操作 WebDriver 的"命令"。
- 库：一个代码模块，它包含 API 和实现这些 API 所需的代码。
- 驱动程序：负责控制实际的浏览器。大多数驱动程序是由浏览器厂商自己创建的。驱动程序通常是与浏览器一起在系统上运行的可执行模块，而不是在执行测试套件的系统上。
- 框架：用于支持 WebDriver 套件的附加库。

WebDriver 通过一个驱动程序与浏览器对话。其通信基本方式是直接通信，WebDriver 通过驱动程序向浏览器传递命令，然后通过相同的路径接收信息，如图 2-21 所示。

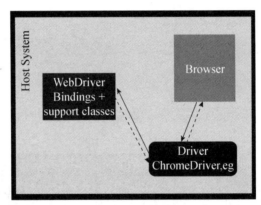

图 2-21　WebDriver 通信

驱动程序是特定于浏览器的，如 ChromeDriver 对应于谷歌的 Chrome/Chromium，GeckoDriver 对应于 Mozilla 的 Firefox，等等。驱动程序可以在与浏览器相同的系统上运行。

4. Selenium 应用

（1）实例化 WebDriver

要操作任意 Selenium 相关 API，均需要构建其 WebDriver 对象，WebDriver 对象是模拟真实用户与浏览器交互的实际操作对象。

Selenium 应用

WebDriver 对象要根据其驱动可执行二进制文件类型来构建，常见的有以下几种。

①Chromium/Chrome。当路径上有 ChromeDriver 时，你应该可以从任何目录执行 ChromeDriver 可执行文件。

要实例化 Chrome/Chromium 会话，你可以执行以下操作：

```
from selenium.webdriver import Chrome
```

```
driver = Chrome()
```

如果 Path 未配置或未生效，则可以设置 ChromeDriver 可执行文件的路径，可以使用下列代码实现：

```
from selenium.webdriver import Chrome

driver = Chrome(executable_path=r'C:\WebDriver\chromedriver.exe')
```

②火狐浏览器。火狐浏览器构建 WebDriver 的方式和 Chrome 类似，代码如下：

```
from selenium.webdriver import Firefox

driver = Firefox()
```

或者

```
from selenium.webdriver import Chrome

driver = Chrome(executable_path=r'C:\WebDriver\geckodriver.exe')
```

③Edge、IE 浏览器、Opera、Safari。Edge、IE 浏览器、Opera、Safari 均为常用浏览器，其中 WebDriver 构建方式和 Chrome、Firefox 方式类似，可自行参照。

④PhantomJS。PhantomJS 是一款基于 Webkit 的无界面浏览器。使用 PhantomJS 浏览器驱动构建 WebDriver 需要先具备 PhantomJS 软件及环境。

PhantomJS 版本相较于谷歌 Chrome 或 Safari 要老得多，曾经比较流行，但现在已经不推荐 Selenium 与 PhantomJS 集成使用了，因为它已经暂停维护，不再更新。

PhantomJS 同样具有部分其他浏览器驱动未有的优势。本次应用案例使用 Selenium 和 PhantomJS 联合构建网页爬虫任务，再结合 Pillow 爬取动态加载的漫画图片。

以下是构建 PhantomJS 驱动对应的 WebDriver 语句：

```
from selenium.webdriver import PhantomJS

driver = PhantomJS()
```

或者

```
from selenium.webdriver import PhantomJS

driver = PhantomJS(executable_path=r'C:\Software\phantomjs-2.1.1-windows\bin\phantomjs.exe')
```

（2）定位元素

使用 WebDriver 时要学习的最基本的技术之一是如何查找页面上的元素，WebDriver 提供了许多内置的选择器策略，在 WebDriver 中有 8 种不同的内置元素定位策略，具体如表 2-15 所示。

表 2-15　WebDriver 定位策略

定位器 Locator	描述
class name	定位 class 属性与搜索值匹配的元素（不允许使用复合类名）
css selector	定位 CSS 选择器匹配的元素
id	定位 id 属性与搜索值匹配的元素
name	定位 name 属性与搜索值匹配的元素
link text	定位 link text 可视文本与搜索值完全匹配的锚元素
partial link text	定位 link text 可视文本部分与搜索值部分匹配的锚点元素。如果匹配多个元素，则只选择第一个元素
tag name	定位标签名称与搜索值匹配的元素
xpath	定位与 XPath 表达式匹配的元素

　　一般来说，如果 HTML 的 id 是可用的、唯一的且是可预测的，那么它就是在页面上定位元素的首选方法。它的工作速度非常快，可以避免复杂的 DOM 遍历带来的大量处理。

　　如果没有唯一的 id，那么最好使用 CSS 选择器来查找元素。XPath 和 CSS 选择器一样好用，但是它语法很复杂，并且经常很难调试。尽管 XPath 选择器非常灵活，但是它们通常未经过浏览器厂商的性能测试，并且运行速度很慢。

　　基于链接文本和部分链接文本的选择策略有其缺点，即只能对链接元素起作用。此外，它们可以在 WebDriver 内部调用 XPath 选择器。

　　标签名可能是一种"危险"的定位元素的方法，页面上经常出现同一标签的多个元素。这在调用 findElements(By)方法返回元素集合的时候非常有用。

　　建议你尽可能保持定位器的紧凑性和可读性。使用 WebDriver 遍历 DOM 结构是一项性能消耗很大的操作，因此搜索范围越小越好。

定位策略

　　以下针对常用策略进行简单介绍。

　　①根据 id 属性查找元素。

```
driver.find_element(By.ID, "cheese")
```

　　定位元素是在 WebDriver 实例对象上完成的。findElement(By)方法返回另一个基本对象类型 WebElement。其中，

- WebDriver 代表浏览器。
- WebElement 表示特定的 DOM 节点（控件，如链接或输入栏等）。

　　一旦找到一个元素的引用，你就可以通过对该对象实例使用相同的调用来缩小搜索范围：

```
cheese = driver.find_element(By.ID, "cheese")
cheddar = cheese.find_elements_by_id("cheddar")
```

　　上面使用的 By 接口也支持许多附加的定位器策略。

　　②CSS 定位器查找元素。嵌套查找可能不是最有效的定位 cheese 的策略，因为它需要向浏览器发出两个单独的命令：首先在 DOM 中搜索 id 为 "cheese" 的元素，然后在较小范围的上下文中搜索 "cheddar"。

　　为了稍微提高性能，WebDriver 支持通过 CSS 定位器查找元素，我们可以将之前的两

个定位器合并到一个搜索里面：

```
cheddar = driver.find_element_by_css_selector("#cheese #cheddar")
```

③定位多个元素。我们正在处理的文本中可能会有一个我们最喜欢的"cheese"的订单列表，HTML 结构如下：

```
<ol id=cheese>
<li id=cheddar>…
<li id=brie>…
<li id=rochefort>…
<li id=camembert>…
</ol>
```

因为拥有更多的"cheese"无疑是更好的，但是单独检索每一个项目是很麻烦的，检索"cheese"的一个更好的方式是使用复数版本 findElements(By)。此方法返回 Web 元素的集合。如果只找到一个元素，那么它仍然返回（一个元素的）集合。如果没有元素被定位器匹配到，那么它将返回一个空列表。

操作代码如下：

```
mucho_cheese = driver.find_elements_by_css_selector("#cheese li")
```

（3）操控浏览器

所谓操控浏览器，也就是用户行为，比如打开网站、获取网页地址、前进、后退、刷新、获取标题、调整窗口大小、切换标签页等。以下进行具体介绍和操作。

①打开网站。启动浏览器后你要做的第一件事就是打开你的网站，这可以通过一行代码实现：

```
driver.get("https://selenium.dev")
```

②获取网页地址。可以从浏览器的地址栏中读取当前的 URL。

```
driver.current_url
```

③后退。单击浏览器的后退按钮。

```
driver.back()
```

④前进。单击浏览器的前进按钮。

```
driver.forward()
```

⑤刷新。刷新当前页面。

```
driver.refresh()
```

⑥获取标题。从浏览器中读取当前页面的标题。

```
driver.title
```

⑦窗口句柄。WebDriver 没有区分窗口和标签页。如果你的站点打开了一个新标签页

或窗口，Selenium 将允许你使用窗口句柄来处理它。每个窗口都有一个唯一的标识符，该标识符在单个会话中保持持久性。你可以使用以下方法获得当前窗口的窗口句柄。

```
driver.current_window_handle
```

⑧创建新窗口（或）新标签页并且切换。创建一个新窗口（或）标签页，屏幕焦点将聚焦在新窗口或标签页上，你不需要切换到新窗口（或）标签页。如果除了新窗口之外，你打开了两个以上的窗口（或）标签页，那么可以通过遍历 WebDriver 看到两个窗口或选项卡，并切换到非原始窗口。

```
# 打开新标签页并切换到新标签页
driver.switch_to.new_window('tab')

# 打开一个新窗口并切换到新窗口
driver.switch_to.new_window('window')
```

⑨关闭窗口或标签页。当你完成了一个窗口或标签页的工作，并且它不是浏览器中最后一个打开的窗口或标签页时，应该关闭它并切换回你之前使用的窗口。

```
#关闭标签页或窗口
driver.close()

#切回到之前的标签页或窗口
driver.switch_to.window(original_window)
```

⑩在会话结束时退出浏览器。当完成了浏览器会话时，应该调用 quit 命令退出，而不是调用 close 命令关闭它。

```
driver.quit()
```

⑪使用 WebElement。使用 WebElement 进行切换是最灵活的选择。你可以使用首选的选择器找到框架并切换到它。

```
# 存储网页元素
iframe = driver.find_element(By.CSS_SELECTOR, "#modal > iframe")

# 切换到选择的 iframe
driver.switch_to.frame(iframe)

# 单击按钮
driver.find_element(By.TAG_NAME, 'button').click()
```

⑫使用 name 或 id。如果你的 frame 或 iframe 具有 id 或 name 属性，则可以使用该属性。如果名称或 id 在页面上不是唯一的，那么将切换到已找到的第一个 frame 或 iframe。

```
# 通过 id 切换框架
driver.switch_to.frame('buttonframe')
```

```
# 单击按钮
driver.find_element(By.TAG_NAME, 'button').click()
```

⑬使用索引。可以使用 frame 的索引，如可以使用 JavaScript 中的 window.frames 进行查询。

```
# 切换到第 2 个框架
driver.switch_to.frame(1)
```

⑭获取窗口大小。屏幕分辨率会影响 Web 应用程序的呈现方式，因此 WebDriver 提供了移动和调整浏览器窗口大小的机制。

获取浏览器窗口尺寸（以像素为单位）代码：

```
# 分别获取每个尺寸
width = driver.get_window_size().get("width")
height = driver.get_window_size().get("height")

# 或者存储尺寸并在以后查询它们
size = driver.get_window_size()
width1 = size.get("width")
height1 = size.get("height")
```

⑮设置窗口大小。恢复窗口并设置窗口大小。

```
driver.set_window_size(1024, 768)
```

⑯得到窗口的位置。获取浏览器窗口左上角的坐标。

```
# 分别获取每个尺寸
x = driver.get_window_position().get('x')
y = driver.get_window_position().get('y')

# 或者存储尺寸并在以后查询它们
position = driver.get_window_position()
x1 = position.get('x')
y1 = position.get('y')
```

⑰设置窗口位置。将窗口移动到设定的位置。

```
# 将窗口移动到主显示器的左上角
driver.set_window_position(0, 0)
```

⑱最大化窗口。对于大多数操作系统，窗口将填满屏幕，而不会阻挡操作系统自己的菜单和工具栏。

```
driver.maximize_window()
```

⑲最小化窗口。最小化当前浏览器的窗口。这种命令的精准行为将作用于各个特定的窗口管理器。

最小化窗口通常将窗口隐藏在系统托盘中。

```
driver.minimize_window()
```

⑳ 全屏窗口。填充整个屏幕,类似于在大多数浏览器中按下 F11 键。

```
driver.fullscreen_window()
```

㉑ 屏幕截图。用于捕获当前浏览器的屏幕截图。使用 WebDriver 端点屏幕截图将返回以 Base64 格式编码的屏幕截图。

模拟浏览器

```
from selenium import webdriver


driver = webdriver.Chrome()


# Navigate to url
driver.get("http://www.example.com")


# Returns and base64 encoded string into image
driver.save_screenshot('./image.png')


driver.quit()
```

㉒ 元素屏幕截图。用于捕获当前浏览器元素的屏幕截图。

```
from selenium import webdriver
from selenium.webdriver.common.by import By


driver = webdriver.Chrome()


# Navigate to url
driver.get("http://www.example.com")


ele = driver.find_element(By.CSS_SELECTOR, 'h1')


# Returns and base64 encoded string into image
ele.screenshot('./image.png')


driver.quit()
```

㉓ 打印页面。打印当前浏览器内的页面。
注意:此功能需要在无头模式下的 Chromium 浏览器中使用。

```
from selenium.webdriver.common.print_page_options import PrintOptions


print_options = PrintOptions()
print_options.page_ranges = ['1-2']
```

```
driver.get("printPage.html")

base64code = driver.print_page(print_options)
```

（4）等待

WebDriver 通常可以说有一个阻塞 API。因为它是一个指示浏览器做什么的进程外库，而且 Web 平台本质上是异步的，所以 WebDriver 不跟踪 DOM 的实时活动状态。

根据经验，大多数由于使用 Selenium 和 WebDriver 而产生的间歇性问题都与浏览器和用户指令之间的竞争条件有关。例如，用户指示浏览器导航到一个页面，然后在试图查找元素时得到一个"no such element"的错误。

考虑下面的文档：

```
<!doctype html>
<meta charset=utf-8>
<title>Race Condition Example</title>

<script>
  var initialised = false;
  window.addEventListener("load", function(){
    var newElement = document.createElement("p");
    newElement.textContent = "Hello from JavaScript!";
    document.body.appendChild(newElement);
    initialised = true;
  });
</script>
```

这个 WebDriver 的说明可能看起来很简单：

```
driver.navigate("file:///race_condition.html")
el = driver.find_element(By.TAG_NAME, "p")
assert el.text == "Hello from JavaScript!"
```

这里的问题是 WebDriver 中使用的默认页面加载策略听从 document.readyState，在返回调用 navigate 之前将状态改为"complete"。因为 p 元素是在文档完成加载之后添加的，所以这个 WebDriver 脚本可能是间歇性的。它间歇性的原因可能是因为无法保证异步触发这些元素或事件，不需要显式等待或阻塞这些事件。

幸运的是，WebElement 接口上可用的正常指令集，如 WebElement.click 和 WebElement. sendKeys，是保证同步的，因为直到命令在浏览器中被完成之前函数调用是不会返回的（或者回调是不会在回调形式的语言中触发的）。

等待是在继续下一步之前会执行一个自动化任务来消耗一定的时间。

在 Selenium 模拟用户和浏览器的交互中，等待响应方式分别是显式等待、隐式等待、强制等待、流畅等待。

为了克服浏览器和 WebDriver 脚本之间的竞争问题，大多数 Selenium 客户都附带了一个 wait 包。在使用等待时，使用的是通常所说的显式等待。下面分别介绍这几种方式。

①显式等待。显式等待是 Selenium 客户可以使用的命令式过程语言。它们允许你的代码暂停程序执行或冻结线程，直到满足通过的条件。这个条件会以一定的频率一直被调用，直到等待超时。这意味着只要条件返回一个假值，它就会一直尝试和等待。

由于显式等待允许你等待条件的发生，所以它们非常适合在浏览器及其 DOM 和 WebDriver 脚本之间同步状态。

为了弥补我们之前的错误指令集，我们可以让 findElement 调用等待直到脚本中动态添加的元素被添加到 DOM 中。

```
from selenium.webdriver.support.ui import WebDriverWait
def document_initialised(driver):
    return driver.execute_script("return initialised")

driver.navigate("file:///race_condition.html")
WebDriverWait(driver).until(document_initialised)
el = driver.find_element(By.TAG_NAME, "p")
assert el.text == "Hello from JavaScript!"
```

我们将条件作为函数引用传递，等待将会重复运行直到其返回值为 true。"truthful"返回值是在当前语言中计算为 boolean true 的任何值，如字符串、数字、boolean、对象（包括WebElement）或填充（非空）的序列或列表。这意味着空列表的计算结果为 false。当条件为 true 且阻塞等待终止时，条件的返回值将成为等待的返回值。

有了这些知识，并且因为等待实用程序默认情况下会忽略"no such element"的错误，所以可以重构我们的指令使其更简洁：

```
from selenium.webdriver.support.ui import WebDriverWait

driver.navigate("file:///race_condition.html")
el = WebDriverWait(driver).until(lambda d: d.find_element_by_tag_name("p"))
assert el.text == "Hello from JavaScript!"
```

在这个示例中，我们传递了一个匿名函数。传递给条件的第一个参数始终是对驱动程序对象 WebDriver 的引用。

因为等待将会吞没在没有找到元素时引发的"no such element"的错误中，这个条件会一直重试直到找到元素为止。然后它将获取一个 WebElement 的返回值，并将其传递回我们的脚本。

如果条件失败，如从未得到条件为真的返回值，那么等待将会抛出/引发一个叫"timeout error"的错误/异常。

②隐式等待。通过隐式等待，WebDriver 在试图查找任何元素时在一定时间内轮询DOM。当网页上的某些元素不是立即可用并且需要一些时间来加载时它是很有用的。

默认情况下出现隐式等待元素是被禁用的，它需要在单个会话的基础上手动启用。将显式等待和隐式等待混合在一起会导致意想不到的结果，就是说即使元素可用或条件为真也要等待睡眠的最长时间。

隐式等待是告诉 WebDriver，如果在查找一个或多个不是立即可用的元素时轮询DOM 一段时间。其默认设置为 0，表示禁用。一旦设置好，隐式等待就被设置为会话的生命周期。

应用代码如下，设置全局隐式等待时间为 10 秒：

```
driver = Firefox()
driver.implicitly_wait(10)
driver.get("http://somedomain/url_that_delays_loading")
my_dynamic_element = driver.find_element(By.ID, "myDynamicElement")
```

③强制等待。强制等待不同于显式等待和隐式等待，是一种强制性的
线程停止/休眠的方式。

等待模式

强制等待使用的是 time 模块的 sleep()函数，强制命令当前线程休眠指
定时间，不推荐使用。以下是代码样例：

```
driver = Firefox()
driver.get("http://somedomain/url_that_delays_loading")

# 强制等待 10 秒
time.sleep(10)

my_dynamic_element = driver.find_element(By.ID, "myDynamicElement")
```

④流畅等待。流畅等待实例定义了等待条件的最大时间量，以及检查条件的频率。
流畅等待的本质就是一种显式等待。

用户可以配置流畅等待来忽略等待时出现的特定类型的异常，如在页面上搜索元素时
出现的 NoSuchElementException。

```
driver = Firefox()
driver.get("http://somedomain/url_that_delays_loading")
wait = WebDriverWait(driver, 10, poll_frequency=1, ignored_exceptions=
[ElementNotVisibleException, ElementNotSelectableException])
element = wait.until(EC.element_to_be_clickable((By.XPATH, "//div")))
```

（5）Keyboard

Keyboard 代表一个键盘事件。Keyboard 操作通过使用底层接口允许我们向 Web 浏览
器提供虚拟设备输入。

Keyboard 常用输入有 sendKeys、keyDown、keyUp、clear。

①sendKeys。即使遇到修饰符键序列，sendKeys 也会在 DOM 元素中键入键序列。

```
from selenium import webdriver
from selenium.webdriver.common.by import By
from selenium.webdriver.common.keys import Keys
driver = webdriver.Firefox()

# Navigate to url
driver.get("http://www.google.com")
```

```
# Enter "webdriver" text and perform "ENTER" keyboard action
driver.find_element(By.NAME, "q").send_keys("webdriver" + Keys.ENTER)
```

②keyDown。keyDown 用于模拟按下辅助按键（Ctrl、Shift、Alt）的动作。

```
from selenium import webdriver
from selenium.webdriver.common.by import By
from selenium.webdriver.common.keys import Keys
driver = webdriver.Chrome()

# Navigate to url
driver.get("http://www.google.com")

# Enter "webdriver" text and perform "ENTER" keyboard action
driver.find_element(By.NAME, "q").send_keys("webdriver" + Keys.ENTER)

# Perform action ctrl + A(modifier CONTROL + Alphabet A)to select the page
webdriver.ActionChains(driver).key_down(Keys.CONTROL).send_keys("a").per
form()
```

③keyUp。keyUp 用于模拟辅助按键（Ctrl、Shift、Alt）弹起或释放的操作。

```
from selenium import webdriver
from selenium.webdriver.common.by import By
from selenium.webdriver.common.keys import Keys
driver = webdriver.Chrome()

# Navigate to url
driver.get("http://www.google.com")

# Store google search box WebElement
search = driver.find_element(By.NAME, "q")

action = webdriver.ActionChains(driver)

# Enters text "qwerty" with keyDown SHIFT key and after keyUp SHIFT key
(QWERTYqwerty)
action.key_down(Keys.SHIFT).send_keys_to_element(search,
"qwerty").key_up(Keys.SHIFT).send_keys("qwerty").perform()
```

④clear。清除可编辑元素的内容。它仅适用于可编辑且可交互的元素，否则 Selenium 将返回错误（无效的元素状态或元素不可交互）。

```
from selenium import webdriver
from selenium.webdriver.common.by import By
driver = webdriver.Chrome()
```

```
# Navigate to url
driver.get("http://www.google.com")
# Store 'SearchInput' element
SearchInput = driver.find_element(By.NAME, "q")
SearchInput.send_keys("selenium")
# Clears the entered text
SearchInput.clear()
```

2.2.3　threading

threading 和 Pillow
的安装

1. Python 线程介绍

多线程类似于同时执行多个不同程序。

线程不能够独立执行，必须依存在应用程序中，由应用程序提供多个线程执行控制。线程在执行过程中与进程还是有区别的，每个独立的进程有一个程序运行的入口、顺序执行序列和程序的出口。

多线程运行有如下优点：

● 使用线程可以把占据长时间的程序中的任务放到后台去处理。

● 用户界面可以更加吸引人，比如用户单击了一个按钮去触发某些事件的处理，可以弹出一个进度条来显示处理的进度。

● 程序的运行速度可能加快。

● 在一些等待的任务实现上，如用户输入、文件读写和网络收发数据等，线程就比较有用了。在这种情况下我们可以释放一些珍贵的资源，如内存占用等。

每个线程都有它自己的一组 CPU 寄存器，称为线程的上下文，该上下文反映了线程上次运行该线程的 CPU 寄存器的状态。

指令指针和堆栈指针寄存器是线程上下文中两个最重要的寄存器，线程总是在进程地址上下文中运行的，这些地址都用于标识拥有线程的进程地址空间中的内存。

Python3 线程中常用的两个模块为_thread、threading。

2. threading 模块

Python3 通过_thread 和 threading 这两个模块提供对线程的支持。

_thread 提供了低级别的、原始的线程及一个简单的锁，它相比于 threading 模块的功能还是比较有限的。

threading 模块除了包含 _thread 模块中的所有方法外，还提供了其他方法。

● threading.currentThread()：返回当前的线程变量。

● threading.enumerate()：返回一个包含正在运行的线程的 list。"正在运行"指线程启动后、结束前，不包括启动前和终止后的线程。

● threading.activeCount()：返回正在运行的线程数量，与 len(threading.enumerate())有相同的结果。

除了使用方法外，threading 模块同样提供了 Thread 类来处理线程，Thread 类提供了以下方法。

- run()：用以表示线程活动的方法。
- start()：启动线程活动。
- join([time])：等待至线程中止。它阻塞调用线程直至线程的 join() 方法被调用中止。
- isAlive()：返回线程是否活动。
- getName()：返回线程名。
- setName()：设置线程名。

样例 2-5：使用 threading 模块创建线程。

我们可以通过直接从 threading.Thread 继承创建一个新的子类，实例化后调用 start() 方法启动新线程，即它调用了线程的 run() 方法：

```python
import threading
import time

exitFlag = 0

class myThread(threading.Thread):
    def __init__(self, threadID, name, counter):
        threading.Thread.__init__(self)
        self.threadID = threadID
        self.name = name
        self.counter = counter
    def run(self):
        print("开始线程:" + self.name)
        print_time(self.name, self.counter, 5)
        print("退出线程:" + self.name)

def print_time(threadName, delay, counter):
    while counter:
        if exitFlag:
            threadName.exit()
        time.sleep(delay)
        print("%s: %s" %(threadName, time.ctime(time.time())))
        counter -= 1

# 创建新线程
thread1 = myThread(1, "Thread-1", 1)
thread2 = myThread(2, "Thread-2", 2)

# 开启新线程
thread1.start()
thread2.start()
thread1.join()
thread2.join()
```

```
print("退出主线程")
```

运行程序，输出结果如下：

```
开始线程:Thread-1
开始线程:Thread-2
Thread-1: Wed Apr  6 11:46:46 2016
Thread-1: Wed Apr  6 11:46:47 2016
Thread-2: Wed Apr  6 11:46:47 2016
Thread-1: Wed Apr  6 11:46:48 2016
Thread-1: Wed Apr  6 11:46:49 2016
Thread-2: Wed Apr  6 11:46:49 2016
Thread-1: Wed Apr  6 11:46:50 2016
退出线程:Thread-1
Thread-2: Wed Apr  6 11:46:51 2016
Thread-2: Wed Apr  6 11:46:53 2016
Thread-2: Wed Apr  6 11:46:55 2016
退出线程:Thread-2
退出主线程
```

2.2.4 Pillow

1. Pillow 介绍

Pillow 是一个友好的图形处理库。Python Pillow 库为你的 Python 翻译增加了图像处理功能。

此库提供广泛的文件格式支持、高效的内部表示和相当强大的图像处理功能。

核心图像库专为快速访问以基本像素格式存储的数据而设计。它应该为一般图像处理工具提供坚实的基础。

Pillow 包含了图像处理的多个模块，提供了充足的工具库支持，如 Image、ImageChops、ImageCms、ImageColor、ImageDraw、ImageEnhance、ImageFile、ImageFilter、ImageFont、ImageGrab、ImageMath、ImageOps、ImagePath、ImageShow 等。

2. Pillow 环境

和其他三方库一样，Pillow 不属于 Python 本地环境，需要安装后才能使用（如果你使用的是 Anaconda，则你的本地已存在 Pillow 库）。

（1）安装 Pillow

可以使用 pip 命令安装 Python 的 Pillow 库，语法如下：

```
$ pip install Pillow
```

（2）验证安装

可以使用 pip 命令验证 Pillow 库的安装成果，语法如下：

```
$ pip list
```

在已安装列表中显示了 Pillow 及其对应版本，表明 Pillow 库安装成功。

3. Pillow 应用

（1）使用 Image 类

Python 图像库中最重要的类是 Image 类，该类在同名模块中定义。你可以以多种方式创建此类实例；要么从文件中加载图像，处理其他图像，要么从头开始创建图像。

要从文件中加载图像，请使用 Image 模块中的 open()方法：

```
from PIL import Image


im = Image.open("hopper.ppm")
```

如果加载成功，此功能将返回 Image 对象；如果无法打开文件，则会提示操作系统异常。现在，你可以使用实例属性来检查文件内容：

```
print(im.format, im.size, im.mode)
# PPM(512, 512)RGB
```

format 属性可用于识别图像的来源。如果没有从文件中读取到图像，则将其设置为"None"。size 属性包含宽度和高度（像素）2 个图谱。mode 属性用于定义图像中波段的数量和名称，以及像素类型和深度，常见的模式是灰度图像的"L"（亮度）、真彩色图像的"RGB"和按压前图像的"CMYK"。

一旦你拥有了 Image 类的实例，就可以使用该类定义的方法来处理和操作图像。例如，显示我们刚刚加载的图像：

```
im.show()
```

（2）阅读和书写图像

Python 图像库支持各种图像文件格式。要从磁盘中读取文件，请使用 Image 模块中的 open()方法。你打开文件时不必知道文件格式，库会根据文件的内容自动确定格式。

要保存文件，请使用 Image 类的 save()方法。保存文件时，名称变得很重要。除非指定格式，否则库使用文件扩展名来发现要使用哪个文件存储格式。

①将文件转换为 JPEG。下面可提供给明确指定文件格式的 save()方法。

```
import os, sys
from PIL import Image


for infile in sys.argv[1:]:
    f, e = os.path.splitext(infile)
    outfile = f + ".jpg"
    if infile != outfile:
        try:
            with Image.open(infile)as im:
                im.save(outfile)
        except OSError:
```

```
        print("cannot convert", infile)
```

②创建 JPEG 缩略图。打开文件时，会读取文件头以确定文件格式并提取解码文件所需的模式、大小和其他属性，但文件的其余部分要到以后才能处理。

```
import os, sys
from PIL import Image

size =(128, 128)

for infile in sys.argv[1:]:
    outfile = os.path.splitext(infile)[0] + ".thumbnail"
    if infile != outfile:
        try:
            with Image.open(infile)as im:
                im.thumbnail(size)
                im.save(outfile, "JPEG")
        except OSError:
            print("cannot create thumbnail for", infile)
```

③识别图像文件。下面是一个简单的脚本，可以快速识别一组图像文件。

```
import sys
from PIL import Image

for infile in sys.argv[1:]:
    try:
        with Image.open(infile)as im:
            print(infile, im.format, f"{im.size}x{im.mode}")
    except OSError:
        pass
```

（3）切割、粘贴和合并图像

Image 类包含允许你操作图像中区域的方法。要从图像中提取子矩形，请使用 crop()方法。

①从图像中复制子块。区域由 4 个图谱定义，坐标位于（左、上、右、下）。Python 图像库使用左上角为（0，0）的坐标系。另请注意，坐标是指像素之间的位置，因此以下示例中的区域正好为 300 像素×300 像素。

Pillow 图像操作

```
box =(100, 100, 400, 400)
region = im.crop(box)
```

②处理子块，并将其粘贴返回。粘贴区域返回时，区域的大小必须与给定区域完全匹配。此外，该区域不能扩展到图像之外。但是，原始图像的模式和区域不需要匹配。如果没有，区域在粘贴之前会自动转换。

```
region = region.transpose(Image.ROTATE_180)
im.paste(region, box)
```

③滚动图像。

```
def roll(image, delta):
    """Roll an image sideways."""
    xsize, ysize = image.size

    delta = delta % xsize
    if delta == 0: return image

    part1 = image.crop((0, 0, delta, ysize))
    part2 = image.crop((delta, 0, xsize, ysize))
    image.paste(part1,(xsize-delta, 0, xsize, ysize))
    image.paste(part2,(0, 0, xsize-delta, ysize))

    return image
```

④拆分和合并频段。Python 图像库还允许你处理多波段图像的单个波段，如 RGB 图像，拆分方法为创建一组新图像，每个图像包含原始多波段图像中的一个波段。合并功能采用模式和图像图，并将它们组合成新图像。以下示例为交换 RGB 图像的三个波段：

```
r, g, b = im.split()
im = Image.merge("RGB",(b, g, r))
```

（4）几何转换

①简单的几何形状转换。PIL.Image.Image 类包含 resize()和 rotate()方法。前者采取一个 tuple 调整图像的大小，后者用于逆时针旋转角度。

```
out = im.resize((128, 128))
out = im.rotate(45)# degrees counter-clockwise
```

②转置图像。要在步骤中旋转图像 90°，可以使用 rotate()方法或 transpose()方法。后者还可用于围绕其水平轴或垂直轴翻转图像。

```
out = im.transpose(Image.FLIP_LEFT_RIGHT)
out = im.transpose(Image.FLIP_TOP_BOTTOM)
out = im.transpose(Image.ROTATE_90)
out = im.transpose(Image.ROTATE_180)
out = im.transpose(Image.ROTATE_270)
```

（5）颜色转换

Python 图像库允许你使用 convert()方法在不同像素表示之间转换图像。

图像库支持在"L"和"RGB"模式之间进行转换。要在其他模式之间转换，你可能需要使用中间图像（通常是"RGB"图像）。

```
from PIL import Image
with Image.open("hopper.ppm")as im:
    im = im.convert("L")
```

（6）图像增强

Python 图像库提供许多可用于增强图像的方法和模块。

①过滤器。ImageFilter 模块包含许多预先定义的增强滤镜，可与 filter()方法一起使用。

```
from PIL import ImageFilter
out = im.filter(ImageFilter.DETAIL)
```

②点操作。point()方法可用于翻译图像的像素值（例如图像对比度操作）。在大多数情况下，期望一个参数的函数对象可以传递到此方法。每个像素都根据该功能进行处理：

```
# multiply each pixel by 1.2
out = im.point(lambda i: i * 1.2)
```

使用上述技术，你可以快速将任何简单的表达式应用到图像中。你还可以将 point()和 paste()方法组合在一起，有选择地修改图像：

```
# split the image into individual bands
source = im.split()

R, G, B = 0, 1, 2

# select regions where red is less than 100
mask = source[R].point(lambda i: i < 100 and 255)

# process the green band
out = source[G].point(lambda i: i * 0.7)

# paste the processed band back, but only where red was < 100
source[G].paste(out, None, mask)

# build a new multiband image
im = Image.merge(im.mode, source)
```

③增强。要获得更高级的图像增强，你可以使用 ImageEnhance 模块中的类。当图像被创建后，可以使用增强方法快速尝试不同的设置。

你可以通过如下方式调整对比度、亮度、色彩平衡和锐度。

```
from PIL import ImageEnhance

enh = ImageEnhance.Contrast(im)
enh.enhance(1.3).show("30% more contrast")
```

相关案例

按照本单元所涉及的知识面及知识点，准备下一步工作实施的参考案例，展示项目案例"使用 Selenium+PhantomJS 爬取漫画数据"的实施过程。

按照网络爬虫的实际项目开发过程，以下展示的是具体流程。

1. 确定目标网页

在正式开始网络爬虫之前，首先需要明确我们的爬虫目标、最终目的，然后以此来确定目标地址、目标内容与目标数据结构等。

本次的爬虫目标是获取漫画数据及内容，即获取漫画所有列表数据及每一章节回合的具体漫画内容，也就是图片。

针对本次的网络爬虫目标，我们在众多动漫网站群中选择了"1KKK 漫画人"网站中的国产漫画"元尊"。目标网站群地址为 http://tel.1kkk.com，漫画人网站首页如图 2-22 所示；漫画"元尊"列表页地址是 http://tel.1kkk.com/manhua40683，漫画"元尊"网页效果如图 2-23 所示；漫画"元尊"章节内容页面（此处以第一回地址 http://tel.1kkk.com/ch1-578500 作为演示），章节内容页面效果如图 2-24 所示。

2. 分析并确定目标数据

对应本次目标任务，根据第一步所确定的网页——漫画"元尊"，我们需要获取的数据是漫画"元尊"所有章节目录信息及详情地址；再根据章节详情，截取漫画内容图片并在本地按照漫画章节结构化存储。

图 2-22　漫画人首页

图 2-23　漫画"元尊"列表页

图 2-24　漫画"元尊"章节内容页面

（1）漫画"章节"目录

调用 Web 调试窗口，根据静态网页和动态网页数据源定位方式，分别查看 Elements、Sources、Network 窗口。

通过查看网页结构和源代码，解析到漫画"元尊"的列表页数据在网页源代码中以倒叙的方式展示，说明我们可以通过静态网页访问的方式获取资源。但是页面可展示内容只有 5 条，且排序方式仍需要自行处理。

通过查看 Network 窗口，在切换界面、调整排序方式的同时，又调整 Ajax 交互，交互地址为 http://tel.1kkk.com/template-40683-s1/，交互响应结果为 HTML 代码块，然后将 JS 代码嵌入网页漫画列表中，其请求结果样式如图 2-25 所示。

图 2-25　漫画"元尊"列表加载预览图

（2）漫画内容图片

通过同样的方式查看 Elements、Sources、Network 窗口。

在调用 Web 调试窗口中查看，定位到图片节点上，内容如图 2-26 所示。

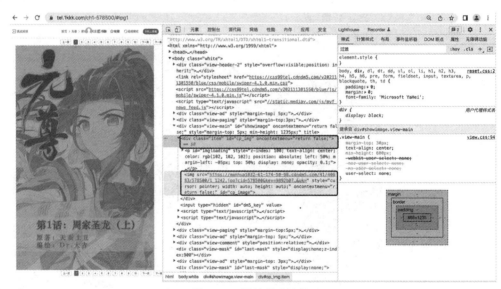

图 2-26　图片节点定位

查看 Sources 或网页源代码，定位到图片节点，搜索结果如图 2-27 所示。

由图 2-26 可得知无法定位到具体 img 节点，依次往上级节点定位，最终定位到 id="showimage"的 div 节点，搜索结果如图 2-28 所示。由此可知，图片数据是通过动态加载的。

经过以上过程分析，得到结论：漫画"元尊"列表数据来源可通过静态网页加载，也可以通过动态网页请求加载；漫画章节内容图片只能通过动态网页请求的方式加载，并通过 JS 注入的方式渲染到页面中。

为了统一网络爬虫方式，此处选择使用动态网页爬虫技术来实现。区别于所有数据都使用 Ajax 方式加载，本次使用 Selenium 模拟浏览器访问和用户行为操作获取渲染后的网页数据与结构。

图 2-27　源代码图片节点定位

图 2-28　源代码 DIV 节点定位

根据数据交互结果的数据结构，得到本次漫画列表数据结构字段有漫画名称、标题、图片张数、发布日期、封面图、详情地址、是否锁定（需要付费）。

3. 安装环境

本次项目使用环境为：

- 本地语言环境：Python 3.8。
- 编译工具：PyCharm 2021.2。
- 网络请求框架：Selenium 3.141.0。
- 浏览器驱动：PhantomJS 2.1.1。
- 网页解析框架：XPath 4.6.3（lxml）。
- 数据存储框架：CSV。
- 图片处理框架：Pillow 8.2.0。

为确保正常开发，需明确相关环境（Selenium、lxml、Pillow）已正常准备，可以使用 pip 命令进行环境安装，以下是具体操作：

```
$ pip install Selenium
$ pip install lxml
$ pip install Pillow
```

4. 构建项目

在准备工作都完成之后，即可通过工具 PyCharm 构建项目，并开始进行项目开发了。使用 PyCharm 构建基本 Python 项目"Learning_Situation_5"，效果如图 2-29 所示。

图 2-29 构建项目

5. 编写网页爬虫程序

在创建的项目"Learning_Situation_5"中构建网页爬虫程序，以下是具体操作步骤。

（1）构建可执行文件

创建网络爬虫可执行文件"spider_comic_yuanzun.py"。

（2）导入模块

```python
import os
import time
from threading import Thread

from selenium import webdriver
from lxml import etree
import csv
from PIL import Image
from selenium.common.exceptions import NoSuchElementException
from selenium.webdriver.common.by import By
from selenium.webdriver.common.keys import Keys
from selenium.webdriver.support.wait import WebDriverWait
from selenium.webdriver.support import expected_conditions
```

（3）构造浏览器初始化函数

```python
# 初始化并建立一个浏览器对象
def init_browser():
```

```
        browser = webdriver.PhantomJS(executable_path=r'C:\Software\phantomjs-
2.1.1-windows\bin\phantomjs.exe')

        # 最大化窗口
        browser.maximize_window()

        return browser
```

（4）构建漫画对象

```
class Comic():

    def __init__(self):
        self.comic = '元尊漫画'  # 漫画名称
        self.title = ''  # 标题
        self.number = 1  # 图片张数
        self.date = ''  # 发布日期
        self.cover = ''  # 封面图
        self.href = ''  # 详情地址
        self.lock = False  # 是否锁定（需要付费）

    def __str__(self):
        return 'comic:%s ;' \
               'title:%s ;' \
               'number:%s ;' \
               'date:%s ;' \
               'cover:%s ;' \
               'href:%s ;' \
               'lock:%s ;' \
               %(self.comic,
                 self.title,
                 self.number,
                 self.date,
                 self.cover,
                 self.href,
                 self.lock)
```

（5）构建线程子类

```
threads = []


class MyThread(Thread):

    def run(self)-> None:
        threads.append(self)
```

```
        Thread.run(self)
        threads.remove(self)
```

（6）构造漫画列表数据采集函数

获取漫画数据及
内容 2

```python
from item import Comic

# 域名前缀
url_prefix = 'http://tel.1kkk.com'

# 模拟浏览器行为,获取章节列表
def get_comic_list(url_list):
    browser = init_browser()
    browser.get(url=url_list)

    # 等待排序a标签节点被加载,并可见
    WebDriverWait(browser, 40).until(
        expected_conditions.visibility_of_element_located((By.XPATH, '//a
[@class="order "]')))

    a = browser.find_element_by_xpath('//a[@class="order "]')
    if a.text == '倒序':
        a.click()
        time.sleep(1)

    html = etree.HTML(browser.page_source)

    file = open('comic_yuanzun.csv', 'w', newline='', encoding='UTF-8')
    writer = csv.writer(file)

    for li in html.xpath('//ul[@id="detail-list-select-1"][1]//li'):
        comic = Comic()

        comic.title = li.xpath('.//p[@class="title "]/text()')[0].strip()
        comic.number = int(li.xpath('.//p[@class="title "]/span/text()')
[0].strip()[1:-2])
        comic.date = li.xpath('.//p[@class="tip"]/text()')[0].strip()

        comic.cover = li.xpath('.//img[@class="img"]/@src')[0].strip()
        comic.href = '{}{}'.format(url_prefix, li.xpath('./a/@href')[0].
strip())

        comic.lock = len(li.xpath('.//span[@class="detail-lock"]'))> 0
        print(comic)
```

```
        writer.writerow([comic.title,  comic.number,  comic.date,  comic.
cover, comic.href, comic.lock])

        while len(threads) >= 10:
            time.sleep(1)

        thread = MyThread(name=comic.title, target=get_comic, args={comic:
comic})
        thread.start()

    file.close()
    browser.close()
```

（7）构造漫画内容采集函数

```
# 模拟浏览器行为,获取章节内容
def get_comic(comic: Comic = None, url_comic=''):
    browser = init_browser()
    if comic:
        browser.get(comic.href)
    else:
        browser.get(url_comic)

    WebDriverWait(browser, 40).until(
        expected_conditions.presence_of_element_located((By.XPATH,  '//div
[@class="title"]')))

    try:
        browser.find_element_by_xpath('//div[@id="lb-win"]/div/a').click()
    except Exception as e:
        print('不存在覆盖蒙版', e.args)

    try:
        browser.find_element_by_xpath('//img[@id="cp_image"]')
    except NoSuchElementException as e:
        print(browser.title, '(', browser.current_url, ')', ' 为收费章节,请登
录后购买')
        return


    # 等待图片节点被加载,并可见(可见代表元素非隐藏,并且元素的宽和高都不等于 0)
    WebDriverWait(browser, 40).until(
        expected_conditions.visibility_of_element_located((By.XPATH,
'//img[@id="cp_image"]')))
```

```
    if comic is None:
        comic = Comic()
        comic.comic = browser.title.split('_')[0].strip()
        comic.href = browser.current_url
        comic.title = browser.title.split('_')[1].replace(',', ' ').strip()
        comic.number  =  int(browser.find_element_by_xpath('//div[@class=
"chapterpager"]/a[last()]').text)  # 需要重新获取总页码

    # 根据章节,创建文件夹
    dir = os.path.join(comic.comic, comic.title)
    if not os.path.exists(dir):
        os.makedirs(dir)

    i = 1
    temp = os.path.join(dir, 'temp.png')
    while i <= comic.number:
        browser.get_screenshot_as_file(temp)

        filename = os.path.join(dir, '{}-{}.png'.format(comic.title, i))

        # 滑动到页末,防止页面未加载完成
        browser.find_element_by_tag_name('body').send_keys(Keys.END)
        # 根据实际情况强制等待,此处为等待图片渲染完成
        # time.sleep(2)
        img = browser.find_element_by_xpath('//img[@id="cp_image"]')
        # 获取元素位置信息
        left = img.location['x']
        top = img.location['y']
        # 具体问题具体分析,本次内容中left=0,而非实际左边间距,所以取整个页面宽度
        right = browser.execute_script("return document.body.scrollWidth")
        bottom = top + img.size['height']
        # print(left, top, right, bottom)

        try:
            im = Image.open(temp)
            im = im.crop((left, top, right, bottom))  # 元素裁剪
            im.save(filename)  # 元素截图

            print(filename)
        except Exception as e:
            print(comic.title, comic.href, i, e.args)

        i += 1
```

```
        if i <= comic.number:
            browser.find_element_by_partial_link_text('下一页').click()
            # browser.implicitly_wait(30)
            # time.sleep(10)
            WebDriverWait(browser, 40).until(
                expected_conditions.visibility_of_element_located
((By.XPATH, '//img[@id="cp_image"]')))

        if os.path.exists(temp):
            os.remove(temp)

    browser.close()
```

6. 运行程序

（1）指定网络爬虫地址 URL

```
# 动漫首页
url_start_comic_home = 'http://tel.1kkk.com/manhua40683'
```

（2）构建程序启动入口

```
if __name__ == '__main__':
    get_comic_list(url_start_comic_home)
```

（3）运行程序

选中可执行文件，右键单击，选中"Run 'spider_comic_yuanzun.py'"或"Debug 'spider_comic_yuanzun.py'"。

7. 效果截图

运行程序，将采集的数据存储于 CSV 中，章节内容存储于本地目录中，效果图如 2-30～图 2-32 所示。

图 2-30　程序运行效果截图

图 2-31　CSV 数据效果截图

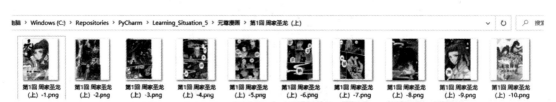

图 2-32　章节内容截图

工作实施

按照制订的最佳方案实施计划进行项目开发，填充相应的工作流程内容。

评价反馈

各自完成学习情境的开发并展示作品，介绍任务的完成过程，作品展示前应准备阐述材料，并完成评价。

1. 学生进行自我评价（见表 2-16）。

表 2-16　学生自评表

班级：　　　　　　　　　　姓名：　　　　　　　　　　学号：

学习情境	使用 Selenium+PhantomJS 爬取漫画数据		
评价项目	评价标准	分值	得分
Python 环境管理	能正确、熟练使用 Python 工具管理开发环境	10	
解读网页结构	能正确、熟练使用网页工具解读网页结构	10	
方案制作	能根据技术能力快速、准确地制订工作方案	10	
采集动态网页	能根据方案正确、熟练地采集动态网页数据	15	
解析网页数据	能根据方案正确、熟练地解析网页数据	10	
数据存储操作	能根据方案正确、熟练地存储采集到的数据	10	
图片裁剪操作	能根据网页和图片信息裁剪处理图片	10	
项目开发能力	根据项目开发进度及应用状态评价开发能力	10	
工作质量	根据项目开发过程及成果评定工作质量	15	
合计		100	

2. 学生展示过程中，以个人为单位，对以上学习情境过程与结果进行互评（见表 2-17）。

表 2-17　学生互评表

学习情境		使用 Selenium+PhantomJS 爬取漫画数据									
评价项目	分值	等级							评价对象			
									1	2	3	4
计划合理	10	优	10	良	9	中	8	差	6				
方案准确	10	优	10	良	9	中	8	差	6				

（续表）

评价项目	分值	等级								评价对象			
										1	2	3	4
工作质量	20	优	20	良	18	中	15	差	12				
工作效率	15	优	15	良	13	中	11	差	9				
工作完整	10	优	10	良	9	中	8	差	6				
工作规范	10	优	10	良	9	中	8	差	6				
识读报告	10	优	10	良	9	中	8	差	6				
成果展示	15	优	15	良	13	中	11	差	9				
合计	100												

3. 教师对学生工作过程和工作结果进行评价（见表 2-18）。

表 2-18 教师综合评价表

班级：　　　　　　　　　姓名：　　　　　　　　　学号：

学习情境		使用 Selenium+PhantomJS 爬取漫画数据		
评价项目		评价标准	分值	得分
考勤（20%）		无无故迟到、早退、旷课现象	20	
工作过程（50%）	环境管理	能正确、熟练使用 Python 工具管理开发环境	5	
	方案制作	能根据技术能力快速、准确地制订工作方案	5	
	数据采集	能根据方案正确、熟练地采集网页源数据	10	
	数据解析	能根据方案正确、熟练地解析网页数据	10	
	数据存储	能根据方案正确、熟练地存储采集到的数据	10	
	工作态度	态度端正，工作认真、主动	5	
	职业素质	能做到安全、文明、合法，爱护环境	5	
项目成果（30%）	工作完整	能按时完成任务	5	
	工作质量	能按计划完成工作任务	15	
	识读报告	能正确识读并准备成果展示各项报告材料	5	
	成果展示	能准确表达、汇报工作成果	5	
合计			100	

拓展思考

1. Selenium 和 Scrapy 请求动态网页有什么区别？

2. 本次情境应用中可以使用 Scrapy 实现吗？

3. 本次情境还可以使用什么方式获取数据？

单元 3　爬取 App 数据

概述

App（Application），也称为手机软件或应用软件，主要指安装在智能手机上的软件，通过 App 可以完善原始系统的不足与个性化，使手机完善其功能，为用户提供更丰富的使用体验。手机软件的运行需要有相应的手机系统，目前主要的手机系统有苹果公司的 iOS、谷歌公司的 Android（安卓）系统、华为的鸿蒙 OS 系统（HarmonyOS）、微软公司的 Windows Phone。

随着智能手机的普及，人们在沟通、社交、娱乐等活动中越来越依赖于手机 App 软件。手机软件是通过分析、设计、编码生成的，是一种特殊的软件。

App 中主要做到的效果是数据展示和用户交互，而数据的来源，也就是本单元的目标所在，是通过 HTTP 和 Socket 通信方式与后台服务器定义的接口进行交互的。

本次内容以 Android 系统为例。HTTP 和 Socket 都是基于 TCP 协议的，在使用 HTTP 的情况下，双方不需要时刻保持连接在线，比如客户端资源的获取、文件上传等。通信方式具体介绍如下。

● HTTP 通信：使用 HTTP 协议进行通信，工作原理是客户端向服务器端发送一条 HTTP 请求，服务器端收到之后先解析客户端的请求，之后会返回数据给客户端，然后客户端再对这些数据进行解析和处理。HTTP 连接采用的是"请求—响应"方式，即在请求时建立连接通道，当客户端向服务器端发送请求时，服务器端才能向客户端发送数据。

● Socket 通信：Socket 又称套接字，在程序内部提供了与外界通信的端口，即端口通信。通过建立 Socket 连接，可为通信双方的数据传输提供通道。Socket 的主要特点有数据丢失率低，使用简单且易于移植。Socket 类似于 peer to peer 的连接，一方可随时向另一方喊话。

与请求相对应，客户端和服务器端数据交互中响应的数据类型主要有以下几种。

● 数据流：从 Web 服务器响应到手机终端的数据一般被打包在一个字节数组中，这个字节数组中包含了不同的数据类型，客户端采用 Java 数据流和过滤流的方式从字节数组中取出各种类型的数据，基本用于学习。

● XML：WebService 的标准数据格式。

● Protocol Buffers：是一种轻便高效的结构化数据存储格式，支持跨平台。它很适合做数据存储或 RPC 数据交换格式。与 JSON 相比，它最大的优点就是传输的时候数据体积可以压缩得很小，传输效率比较高。

● JSON：JavaScript Object Notation，是一种轻量级的数据交换格式，易于人阅读和编写，同时也易于机器解析和生成；是最常用的一种数据交互格式，也是本次目标数据的主要格式。

本单元教学导航如表 3-1 所示。

表 3-1　教学导航

知识重点	1. Fiddler 的安装和配置 2. Fiddler 的使用 3. 网络交互数据解析 4. 模拟器的安装配置
知识难点	1. Fiddler 的安装和配置 2. Fiddler 的使用 3. 网络交互数据解析
推荐教学方式	从学习情境任务书入手，通过对任务的解读，引导学生编制工作计划；根据标准工作流程，调整学生工作计划并提出决策方案；通过对相关案例的实施演练，让学生掌握任务的实现流程及技能
建议学时	8 学时
推荐学习方法	根据任务要求获取信息，制订工作计划；根据教师演示，动手实践完成工作实施，掌握任务实现的流程与技能，并进行课后的自我评价与扩展思考
必须掌握的理论知识	1. Fiddler 的使用 2. 网络交互数据解析
必须掌握的技能	1. Fiddler 的安装和配置 2. Fiddler 的使用 3. 网络交互数据解析 4. 模拟器的安装配置

学习情境 3.1　使用 Fiddler+Requests 爬取新闻类 App 接口数据

学习情境描述

1. 教学情境

通过对 Fiddler 工具的安装、配置和使用来定位数据访问具体细节；对真机或模拟器 App 数据访问和用户交互操作的数据与行为进行解析；通过 Requests 或其他爬虫技术的应用，爬取手机应用 App 交互数据。

2. 关键知识点

（1）Fiddler 的安装和配置。

（2）Fiddler 的使用。

（3）网络交互数据解析。

（4）模拟器的安装配置。

（5）App 的应用。

（6）Requests 数据请求。

（7）JSON 数据解析。

（8）CSV 数据存储。

3. 关键技能点

（1）Fiddler 的使用。

（2）模拟器的安装配置。

（3）Requests 数据请求。

（4）JSON 数据解析。

（5）CSV 数据存储。

学习目标

1. 理解 App 应用数据交互和用户行为交互原理。

2. 掌握 Fiddler 工具安装配置。

3. 掌握模拟器的安装配置。

4. 掌握 Fiddler 和模拟器的整合。

5. 掌握 Fiddler 定位解析网络数据交互功能。

6. 掌握 Requests 网络爬虫技术。

7. 掌握 JSON 数据格式并解析。

8. 掌握 CSV 数据格式并存储。

任 务 书

1. 完成 Fiddler 软件的安装配置。

2. 完成模拟器软件的安装配置。

3. 完成 Fiddler 与模拟器的整合。

4. 使用 Fiddler 定位新闻类 App 数据交互接口与数据结构。

5. 使用 Requests 获取接口数据。

6. 使用 JSON 解析接口数据。

7. 使用 CSV 存储 App 数据。

获取信息

引导问题 1：App 数据交互和 Web 数据交互一样吗？如果不一样，有什么不一样？

_____

_____

_____

引导问题 2：定位并抓取的 App 数据和 Web 数据一样吗？如果不一样，有什么不一样？

_____

_____

引导问题 3：我们可以通过什么方式定位 App 数据接口？

_____

_____

引导问题 4：定位 App 数据可能会遇到哪些问题？

_____

引导问题 5：如何获取、解析、存储 App 接口数据？

_____

_____

工作计划

1. 制订工作方案（见表 3-2）
根据获取的信息进行方案预演，选定目标，明确执行过程。

表 3-2　工作方案

步骤	工作内容
1	
2	
3	
4	
5	
6	
7	
8	

2. 写出此工作方案执行的 App 网络数据爬虫工作原理

_____

3. 列出工具清单（见表 3-3）
列出本次实施方案中所需要用到的软件工具。

表 3-3　工具清单

序号	名称	版本	备注
1			
2			
3			
4			
5			
6			
7			
8			

4. 列出技术清单（见表 3-4）
列出本次实施方案中所需要用到的软件技术。

表 3-4　技术清单

序号	名称	版本	备注
1			
2			
3			
4			
5			
6			
7			
8			

进行决策

1. 根据引导、构思、计划等，各自阐述自己的设计方案。
2. 对其他人的设计方案提出自己不同的看法。
3. 教师结合大家完成的情况进行点评，选出最佳方案，并写出最佳方案。

_____

_____

_____

知识准备

为了实现任务目标"使用 Fiddler+Requests 爬取新闻类 App 接口数据"，需要学习的知识与技能如图 3-1 所示。

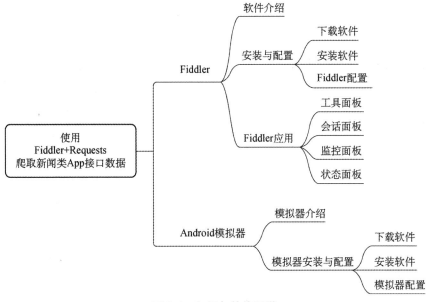

图 3-1　知识与技能图谱

3.1.1　Fiddler

1. Fiddler 介绍

Fiddler

Fiddler 是一个 HTTP 的调试代理，以代理服务器的方式，监听系统的 HTTP 网络数据流动。Fiddler 可以让你检查所有的 HTTP 通信，设置断点，以及 Fiddler 所有"进出"的数据。Fiddler 还包含一个简单却功能强大的基于 JScript.NET 事件的脚本子系统，它可以支持众多的 HTTP 调试任务。

2. Fiddler 安装与配置

Fiddler 是一款软件工具，以下是相关操作。

（1）下载软件

Fiddler 有各种不同的版本，你可以根据需要下载。

（2）安装软件

运行下载的 Fiddler 安装包"FiddlerSetup.exe"，选定安装地址，默认安装即可，效果如图 3-2 所示。

（a）

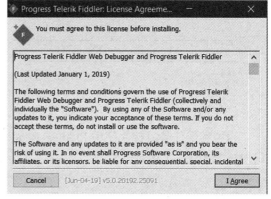

（b）

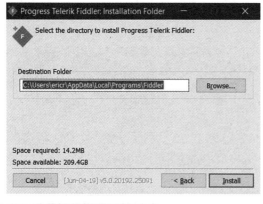

（c）

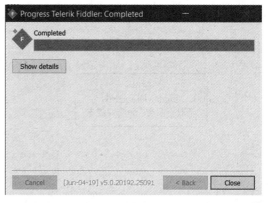

（d）

图 3-2　Fiddler 安装

（3）Fiddler 配置

打开 Fiddler，如图 3-3 所示。

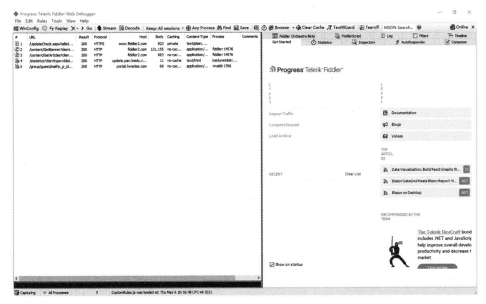

图 3-3 Fiddler 界面

①配置 HTTPS 支持。默认情况下，Fiddler 不会捕获和解密安全的 HTTPS 流量。要捕获通过 HTTPS 发送的数据，需要启用 HTTPS 流量解密。配置项位于 "Tools" → "Options" → "HTTPS"，配置如图 3-4 所示。

也可以设置跳过特定的主机流量解密，配置如图 3-5 所示。

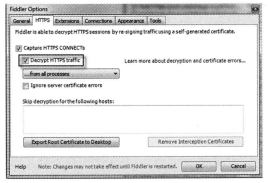

图 3-4 启用 HTTPS 流量解密

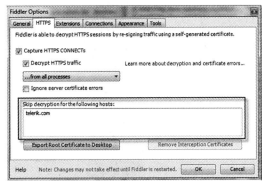

图 3-5 过滤指定主机

HTTPS 协议是安全协议，通常需要安全密钥验证等。本次 App 移动端数据侦听过程安全验证要求更高。在保证安全的情况下为了提高效率，可以将服务器密钥验证忽略，并将 Fiddler Root Certificate 导出并导入到对应的 Android 机器中。忽略密钥校验如图 3-6 所示，导出 Root Certificate 如图 3-7 所示。

②允许远程客户端连接。配置允许远程客户端连接，让 Fiddler 和 Android 机器保持长连接状态。配置项位于 "Tools" → "Options" → "Connections"，配置如图 3-8 所示。

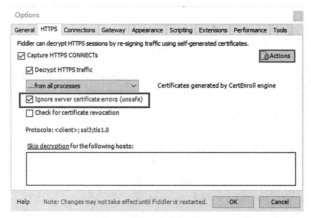

图 3-6　忽略安全密钥校验

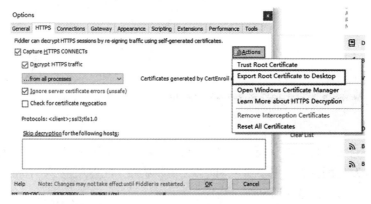

图 3-7　导出 Root Certificate

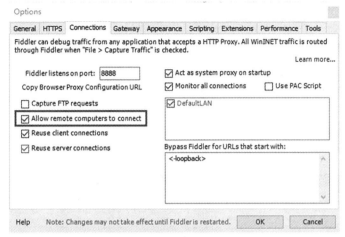

图 3-8　允许客户端远程连接

③配置客户端应用目标端口。配置客户端应用目标端口，保持 Fiddler 和 Android 机器连接状态。配置项位于"Tools"→"Options"→"Connections"，配置如图 3-9 所示。

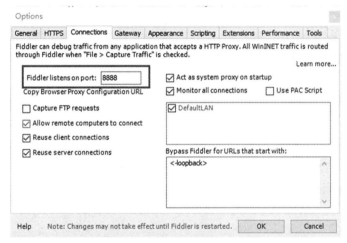

图 3-9　配置客户端应用目标端口

3. Fiddler 应用

Fiddler 的主界面分为工具面板、会话面板、监控面板、状态面板。我们需要认知的主要是会话面板和监控面板。

（1）会话面板

会话面板如图 3-10 所示。其中每一列所对应的含义分别是：#（Fiddler ID 号）、URL（请求地址）、Result（结果代码）、Protocol（协议）、Host（主机名）、Body（内容/流量大小）、Caching（缓存）、Content-Type（内容类型）、Process（进程名及 ID）、Comments（注释）及 Custom（Web 会话的任何自定义列）。

（2）监控面板

监控面板如图 3-11 所示。

#	URL	Result	Protocol	Host	Body	Caching	Content-Type	Process	Comments	Custom
2...	/fiddler/assets/feedback-...	304	HTTPS	docs.telerik.com	0	no-cache		msedge:1648		
2...	/fiddler/default.json	304	HTTPS	docs.telerik.com	0	no-cache		msedge:1648		
2...	/translate/auth	204	HTTPS	edge.microsoft.com	0	max-ag...		msedge:1648		
2...	/visitor/v200/svrGP?pps=...	200	HTTPS	s1325.t.eloqua.com	49	no-stor...	image/gif	msedge:1648		
2...	/translate/auth	200	HTTPS	edge.microsoft.com	787	max-ag...	text/plain; ...	msedge:1648		
2...	/translate?from=en&to=z...	200	HTTPS	api.cognitive.micros...	0			msedge:1648		
2...	/translate?from=en&to=z...	200	HTTPS	api.cognitive.micros...	1,020		application/...	msedge:1648		
2...	/fiddler/assets/group-exp...	304	HTTPS	docs.telerik.com	0	no-cache		msedge:1648		
2...	/translate?from=en&to=z...	200	HTTPS	api.cognitive.micros...	578		application/...	msedge:1648		
2...	/collect?v=1&_v=j90&a=...	200	HTTPS	www.google-analyti...	35	no-cac...	image/gif	msedge:1648		
2...	/collect?v=1&_v=j90&a=...	200	HTTPS	www.google-analyti...	35	no-cac...	image/gif	msedge:1648		
2...	/collect?v=1&_v=j90&a=...	200	HTTPS	www.google-analyti...	35	no-cac...	image/gif	msedge:1648		
2...	/collect?v=1&_v=j90&a=...	200	HTTPS	www.google-analyti...	35	no-cac...	image/gif	msedge:1648		
2...	/collect?v=1&_v=j90&a=...	200	HTTPS	www.google-analyti...	35	no-cac...	image/gif	msedge:1648		
2...	/img/beacon.gif?id=54328...	200	HTTPS	rum-collector-2.ping...	0	no-cac...		msedge:1648		
2...	/collect?v=1&_v=j90&a=...	200	HTTPS	www.google-analyti...	35	no-cac...	image/gif	msedge:1648		
2...	/collect?v=1&_v=j90&a=...	200	HTTPS	www.google-analyti...	35	no-cac...	image/gif	msedge:1648		
2...	/collect?v=1&_v=j90&a=...	200	HTTPS	www.google-analyti...	35	no-cac...	image/gif	msedge:1648		
2...	/statistics?clienttype=8&d...	200	HTTP	update.pan.baidu.c...	11	no-cache	text/html	baidunetdisk:...		
2...	/group/guest/mail?p_p_id...	200	HTTP	portal.hwadee.com	69	no-cac...	application/...	vivaldi:1760		
2...	content-autofill.googleapi...	502	HTTP	Tunnel to	582	no-cac...	text/html; c...	vivaldi:1760		
2...	activity.windows.com:443	200	HTTP	Tunnel to	0			svchost:6488		
2...	/v3/feeds/me/$batch	200	HTTPS	activity.windows.com	1,685		multipart/mi...	svchost:6488		
2...	/v3/feeds/me/views/7c86...	304	HTTPS	activity.windows.com	0	no-cac...		svchost:6488		
2...	/group/guest/mail?p_p_id...	200	HTTP	portal.hwadee.com	69	no-cac...	application/...	vivaldi:1760		
2...	/picface/interface/get_pic...	302	HTTP	config.pinyin.sogou...	5		text/html; c...	sgpicfacetool:...		
2...	/yun_pack_zb/yun_264d8...	200	HTTP	cdn1.ime.sogou.com	36,923	max-ag...	application/...	sgpicfacetool:...		
2...	/group/guest/mail?p_p_id...	200	HTTP	portal.hwadee.com	69	no-cac...	application/...	vivaldi:1760		
2...	safebrowsing.googleapis...	200	HTTP	Tunnel to	0			vivaldi:1760		
2...	/v4/threatListUpdates:fet...	200	HTTPS	safebrowsing.googl...	2,285	private	application/...	vivaldi:1760		
2...	content-autofill.googleapi...	502	HTTP	Tunnel to	582	no-cac...	text/html; c...	vivaldi:1760		
2	/group/guest/mail?p_p_id...	200	HTTP	portal.hwadee.com	69	no-cac...	application/...	vivaldi:1760		

图 3-10　会话面板

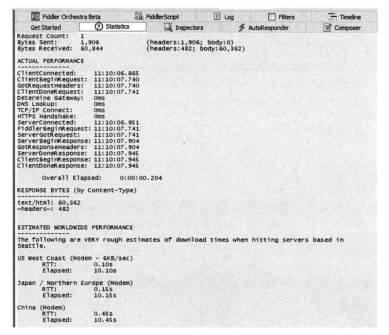

图 3-11　监控面板

监控面板根据需要有多个视图窗口，以下介绍几个常用视图。

①查看 Web 会话性能统计信息。Web 会话性能统计信息可以直接在监控面板的 Statistics 窗口中查看，如图 3-12 所示。

②查看网络会话内容。Web 网络会话内容可以直接在监控面板的 Inspectors 窗口中查看，如图 3-13 所示。

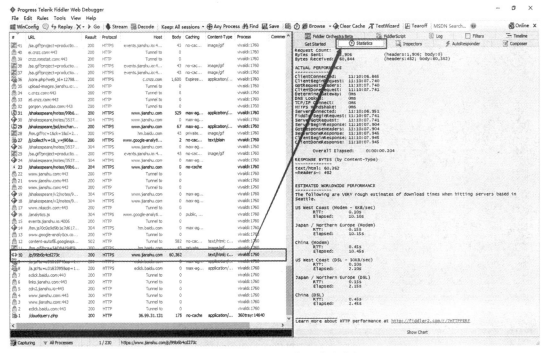

图 3-12　查看 Web 会话统计信息

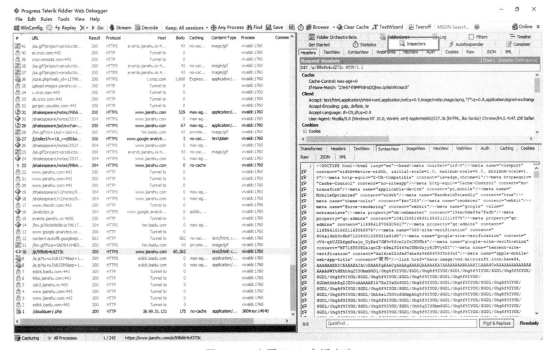

图 3-13　查看 Web 会话内容

③可视化会话传输时间线。若要查看一个或多个 Web 会话的传输时间线瀑布图，则可以直接在监控面板的 Timeline 窗口中查看，选中多个会话，效果如图 3-14 所示。

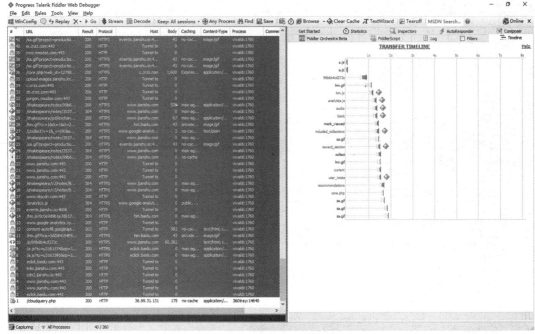

图 3-14　可视化会话传输时间线

3.1.2　Android 模拟器

1. Android 模拟器介绍

Android 模拟器

Android 模拟器可在你的计算机上模拟 Android 设备，这样就可以在各种设备及各个 Android API 级别上测试你的应用，而无须拥有每个实体设备。

模拟器几乎可以提供真正的 Android 设备所具备的所有功能。你可以模拟来电和短信、指定设备的位置、模拟不同的网速、模拟旋转及其他硬件传感器、访问 Google Play 商店，等等。

从某些方面来看，在模拟器上测试应用比在实体设备上测试要更快、更容易。例如，将数据传输到模拟器的速度比传输到通过 USB 连接的设备更快。

本次演示与使用的是"夜神模拟器"。夜神模拟器是一款采用类手机界面视觉设计的 PC 端桌面软件，采用世界领先的内核技术（基于 Android 7.1.2 版本内核，在 PC 上运行，深度开发），具有同类模拟器中较快的运行速度和较稳定的性能。

2. 模拟器安装与配置

（1）下载软件

官网下载地址为"https://www.yeshen.com"。

（2）安装软件

运行下载的 Fiddler 安装包"nox_setup_v7.0.1.0_full.exe"，选定安装地址，默认安装即可，安装成功后启动效果如图 3-15 所示。

（a）

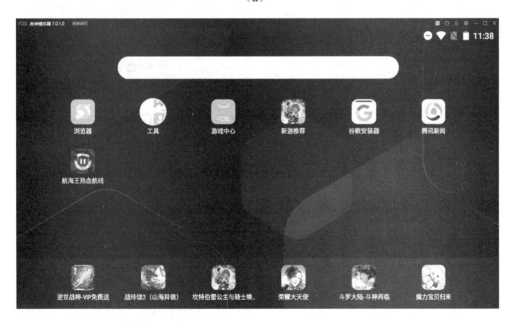

（b）

图 3-15　夜神模拟器启动效果

（3）模拟器配置

默认启动的模拟器是平板版本，不方便也不适宜 App 的操作，所以需要调整软件设置。

找到浏览器设置中性能设置下的分辨率设置，首先将其设置为手机版；再根据横屏或纵屏的配置选择分辨率，本次设置为 1080 像素×1920 像素，设置效果如图 3-16 所示。

重启模拟器，效果如图 3-17 所示。

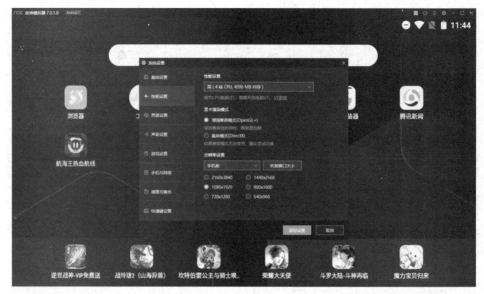

图 3-16　分辨率设置

（a）

（b）

图 3-17　重启模拟器

相关案例

按照本单元所涉及的知识面及知识点，准备下一步工作实施的参考案例，展示项目案例 "使用 Fiddler+Requests 爬取新闻类 App 接口数据" 的实施过程。

按照 App 网络爬虫的实际项目开发过程，以下展示的是具体流程。

1. 确定目标应用

爬取 App 应用数据和爬取网页数据在过程中有所不同，所以过程描述会有所偏差，请大家先理解 App 数据爬取的原理。

在确定正式数据之前，先选定应用。我们明确目标数据是新闻类数据列表，所以将 App 类型限定在新闻类中，并在此基础上选定了 "腾讯新闻 App" 作为演示案例。

下载并安装腾讯新闻 App，打开腾讯新闻 App 首页如图 3-18 所示。可以看到腾讯新闻将新闻内容分为了要闻、视频、推荐、重庆、抗疫、娱乐、体育、游戏、军事、NBA 等。我们以首页要闻为例展示操作。

图 3-18 腾讯新闻 App 首页

2. 关联 Fiddler 和模拟器

在手机应用中，用户无法像在 Web 中一样打开调试工具，并定位数据源，如果要进行数据源分析和目标数据确立，就需要使用额外的网络定位和分析工具——Fiddler。所以，首先需要关联 Fiddler 和模拟器，以便于定位和分析网络数据。需要执行以下步骤。

（1）获取 Fiddler 所在机器的 IP 地址

在现有 Fiddler 配置的基础上绑定模拟器，只需要将模拟器和 Fiddler 绑定在一个网段和端口上即可监听网络变化，所以首先要知道 Fiddler 所在机器的 IP 地址，可以使用命令获取，以下是相关指令：

```
$ ipconfig
```

获取 IP 地址，如图 3-19 所示。

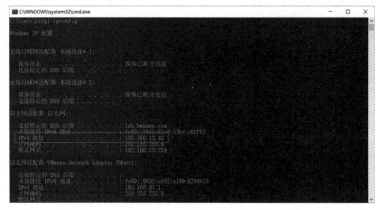

图 3-19　获取 IP 地址

（2）配置模拟器网络

打开模拟器，进入"设置"中的 WLAN。长按已连接的 WiFi，在打开的菜单中选择"修改网络"，修改网络配置，如图 3-20 所示。

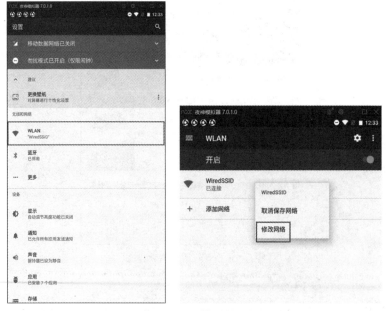

图 3-20　配置模拟器网络

设置"代理"模式为"手动"；分别填入"代理服务器主机名"为"192.168.13.42"（自己机器的 IP 地址）和"代理服务器端口"为"8888"，设置内容如图 3-21 所示。

图 3-21 WiFi 代理配置

（3）验证关联状态

分别打开 Fiddler 和模拟器，清空所有数据及进程，打开"腾讯新闻 App"，查看 Fiddler 页面效果，如图 3-22 所示。

图 3-22 模拟器与 Fiddler 关联验证

可以看到 Fiddler 中可以截取到 Process 为 "noxvmhandle：13652"，表明可以监听到模拟器网络操作，关联成功。

3. 分析并确定目标数据

关联成功后，可以获取到一系列模拟器网络操作数据。接下来，我们就需要从这一系列的网络请求中过滤出我们的目标数据——新闻列表。

经过 Fiddler 的过滤、排序等操作，最终查找到腾讯新闻 App 请求 Host 为 "r.inews. qq.com"，新闻列表请求为 "https://r.inews.qq.com/getQQNewsUnreadList?chlid=news_news_ top&page=0&channelPosition=0&forward=2&last_id=20210505V02Q5700&last_time=162027 6099&user_chlid=news_news_recommend,news_news_dg,news_news_antip,news_news_ent,ne ws_news_sports,news_news_game,news_news_mil&lc_ids=TWF2021050600229600,20210506 V02XF400,20210505A00K3100,NEW2016111603351800&showed_rec_channels=&hot_modul e_user_switch=0&needSpreadAds=1&rtAd=1&new_user=0&omgid=c3d0c6a4e417bd456c5a4d 07fae0aa027026001021631e&QIMEI36=286d998beb989d32e8e7c1b2100018f15415&devid=17 2b5a0b62909ee5&appver=25_android_6.3.50&uid=172b5a0b62909ee5&trueVersion=6.3.50&su id=8gMc3n5d6IwYsTva4QZy&qimei=866174917877926&Cookie=lskey%3D;skey%3D;uin%3 D;%20luin%3D;logintype%3D0;%20suid%3D8gMc3n5d6IwYsTva4QZy;%20main_login%3D; %20&qn-sig=b544dc57120268c1fac32f80638cec24&qn-rid=1005_eb520e15-b16f-48b0-88c2-9 7ee380089b5&qn-newsig=cf071c082b9f225834472152cae7b389ebef702b833217db8b6ff69c24e f84f4"，具体定位效果如图 3-23 所示。

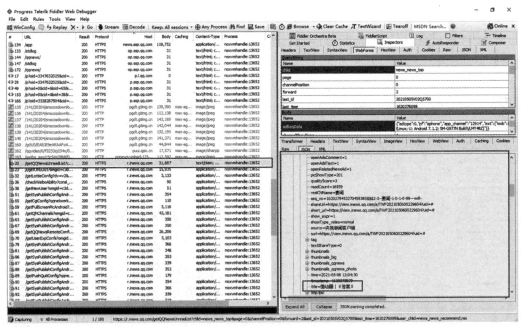

图 3-23　定位腾讯新闻列表

网络接口请求响应数据为 JSON 格式，数据结构样式如图 3-24 所示。

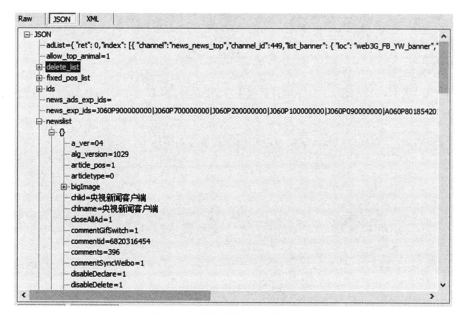

图 3-24　腾讯新闻列表接口数据

经过以上过程分析，得到结论：腾讯新闻 App 数据交互是通过 HTTPS 网络接口，以 POST 方式传输参数，获取 JSON 格式数据的过程，我们只需要定位到具体接口地址，就可以获取到想要的数据了。

根据数据交互后得到的数据结构，可以确定本次新闻列表数据结构字段有 id、标题、长标题、新闻来源、查看数、评论数、标签、新闻类型、质量评分、发布时间、缩略图、大图、详情地址。

4. 安装环境

本次项目使用环境为：

- 本地语言环境：Python 3.8。
- 编译工具：PyCharm 2021.2。
- 网络请求框架：Requests 2.25.1。
- 网页解析框架：JSON。
- 数据存储框架：CSV。

获取腾讯新闻
App 新闻列表

5. 构建项目

在准备工作都完成之后，即可通过工具 PyCharm 构建项目，并开始进行项目开发了。使用 PyCharm 构建基本 Python 项目"Learning_Situation_6"，效果如图 3-25 所示。

6. 编写数据采集程序

在创建的项目"Learning_Situation_6"中构建网页爬虫程序，以下是具体操作步骤。
（1）构建可执行文件
创建网络爬虫可执行文件"spider_app_qqnews.py.py"。

图 3-25　构建项目

（2）导入模块

```
import requests
import json
import csv
from fake_useragent import UserAgent
```

（3）构建网络请求函数

```
# 网络请求函数 -> 网络接口数据
def getData(url, headers=headers):
    # Http POST 网络请求
    resp = requests.post(url=url, data=data, headers=headers)
    # 指定网络请求响应编码
    resp.encoding = 'UTF-8'

    # 返回接口响应数据对应的 JSON 对象
return resp.json()
```

（4）构建新闻数据对象

```
class QQNews:

    # id、标题、长标题、新闻来源、查看数、评论数、标签、新闻类型、质量评分、发布时间、
缩略图、大图、详情地址
    def __init__(self):
        self.id = ''  # id
        self.title = ''  # 标题
        self.longtitle = ''  # 长标题
        self.source = ''  # 新闻来源
```

```
            self.readCount = 0  # 查看数
            self.comments = 0  # 评论数
            self.labelList = ''  # 标签
            self.realChlName = ''  # 新闻类型
            self.qualityScore = ''  # 质量评分
            self.time = ''  # 发布时间
            self.thumbnails = ''  # 缩略图
            self.bigImage = ''  # 大图
            self.url = ''  # 详情地址

    def __str__(self):
        return 'id:%s ;' \
            'title:%s ;' \
                'longtitle:%s ;' \
                'source:%s ;' \
                'readCount:%s ;' \
                'comments:%s ;' \
                'labelList:%s ;' \
                'realChlName:%s ;' \
                'qualityScore:%s ;' \
                'time:%s ;' \
                'thumbnails:%s ;' \
                'bigImage:%s ;' \
                'url:%s ;' \
                %(self.id,
                    self.title,
                    self.longtitle,
                    self.source,
                    self.readCount,
                    self.comments,
                    self.labelList,
                    self.realChlName,
                    self.qualityScore,
                    self.time,
                    self.thumbnails,
                    self.bigImage,
                    self.url)
```

（5）构建新闻列表解析函数

```
def analizesData(json):
    list = []

    for item in json['newslist']:
        if item['articletype'] == '525':
```

```
            for ite in item['newsModule']['newslist']:
                list.append(analizesNews(item=ite))

        else:
            list.append(analizesNews(item=item))

    return list
```

（6）构建单条新闻解析函数

```python
from item import QQNews

def analizesNews(item):
    news = QQNews()

    if 'id' in item:
        news.id = item['id']

    if 'title' in item:
        news.title = item['title']

    if 'longtitle' in item:
        news.longtitle = item['longtitle']

    if 'source' in item:
        news.source = item['source']

    if 'readCount' in item:
        news.readCount = item['readCount']

    if 'comments' in item:
        news.comments = item['comments']

    if 'labelList' in item:
        if len(item['labelList'])> 0:
            labels = []
            for label in item['labelList']:
                labels.append(label['word'])

            news.labelList = ','.join(labels)

    if 'realChlName' in item:
        news.realChlName = item['realChlName']

    if 'qualityScore' in item:
```

```
            news.qualityScore = item['qualityScore']

        if 'time' in item:
            news.time = item['time']

        if 'thumbnails' in item:
            news.thumbnails = ','.join(item['thumbnails'])

        if 'bigImage' in item:
            news.bigImage = ','.join(item['bigImage'])

        if 'url' in item:
            news.url = item['url']

        return news
```

（7）构建数据存储函数

定义数据存储函数，将所有 QQNews 对象数据存入本地文件"qqnews.csv"中。

```
def writeCSV(news):
    with open('qqnews.csv', 'w', newline='', encoding='UTF-8')as file:
        writer = csv.writer(file)
        for item in news:
            writer.writerow([item.id,
                            item.title,
                            item.longtitle,
                            item.source,
                            item.readCount,
                            item.comments,
                            item.labelList,
                            item.realChlName,
                            item.qualityScore,
                            item.time,
                            item.thumbnails,
                            item.bigImage,
                            item.url])

        file.close()
```

7. 运行程序

（1）指定请求地址

```
url = 'https://r.inews.qq.com/getQQNewsUnreadList'
```

（2）指定请求头

```
headers = {
    'User-Agent': UserAgent().random,
    'Referer': 'http://inews.qq.com/inews/android/',
    'Content_Type': 'application/x-www-form-urlencoded',
    'Connection': 'Keep-Alive'
}
```

（3）指定请求参数

```
data = {
    'chlid': 'news_news_top',
    'page': 0,
    'channelPosition': 0,
    'forward': 2,
    'last_id': '20210505V02Q5700',
    'last_time': '1620276099',
    'user_chlid': 'news_news_recommend,news_news_dg,news_news_antip,news_
news_ent,news_news_sports,news_news_game,news_news_mil',
    'lc_ids': 'TWF2021050600229600,20210506V02XF400,20210505A00K3100,
NEW2016111603351800',
    'showed_rec_channels': '',
    'hot_module_user_switch': 0,
    'needSpreadAds': 1,
    'rtAd': 1,
    'new_user': 0,
    'omgid': 'c3d0c6a4e417bd456c5a4d07fae0aa027026001021631e',
    'QIMEI36': '286d998beb989d32e8e7c1b2100018f15415',
    'devid': '172b5a0b62909ee5',
    'appver': '25_android_6.3.50',
    'uid': '172b5a0b62909ee5',
    'trueVersion': '6.3.50',
    'suid': '8gMc3n5d6IwYsTva4QZy',
    'qimei': '866174917877926',
    'Cookie': 'lskey=;skey=;uin=; luin=;logintype=0; suid=8gMc3n5d6IwYsTva
4QZy; main_login=;',
    'qn-sig': 'b544dc57120268c1fac32f80638cec24',
    'qn-rid': '1005_eb520e15-b16f-48b0-88c2-97ee380089b5',
    'qn-newsig':
'cf071c082b9f225834472152cae7b389ebef702b833217db8b6ff69c24ef84f4'
}
```

（4）构建程序启动入口

```
if __name__ == '__main__':
```

```
writeCSV(analizesData(getData(url=url, headers=headers)))
```

（5）运行程序

选中可执行文件，右键单击，选中"Run 'spider_app_qqnews.py'"或"Debug 'spider_app_qqnews.py'"。

8. 效果截图

运行程序，将采集的数据存储于 CSV 中，效果如图 3-25、图 3-26 所示。

图 3-26　程序运行效果截图

图 3-27　CSV 数据效果截图

工作实施

按照制订的最佳方案进行项目开发，填充相应的工作流程内容。

评价反馈

各自完成学习情境的开发并展示作品，介绍任务的完成过程，作品展示前应准备阐述材料，并完成评价。

1. 学生进行自我评价（见表 3-5）。

表 3-5 学生自评表

班级：　　　　　　　　姓名：　　　　　　　　学号：

学习情境	使用 Fiddler+Requests 爬取新闻类 App 接口数据		
评价项目	评价标准	分值	得分
Python 环境管理	能正确、熟练使用 Python 工具管理开发环境	10	
解读数据结构	能正确、熟练使用网页工具解读接口数据结构	20	
方案制作	能根据技术能力快速、准确地制订工作方案	15	
采集接口源数据	能根据方案正确、熟练地采集接口源数据	10	
解析 JSON 数据	能根据方案正确、熟练地解析 JSON 数据	10	
数据存储操作	能根据方案正确、熟练地存储数据到 CSV	10	
项目开发能力	根据项目开发进度及应用状态评价开发能力	10	
工作质量	根据项目开发过程及成果评定工作质量	15	
合计		100	

2. 学生展示过程中，以个人为单位，对以上学习情境过程与结果进行互评（见表 3-6）。

表 3-6 学生互评表

学习情境		使用 Fiddler+Requests 爬取新闻类 App 接口数据									
评价项目	分值	等级						评价对象			
								1	2	3	4
计划合理	10	优	10	良	9	中	8	差	6			
方案准确	10	优	10	良	9	中	8	差	6			
工作质量	20	优	20	良	18	中	15	差	12			
工作效率	15	优	15	良	13	中	11	差	9			
工作完整	10	优	10	良	9	中	8	差	6			
工作规范	10	优	10	良	9	中	8	差	6			
识读报告	10	优	10	良	9	中	8	差	6			
成果展示	15	优	15	良	13	中	11	差	9			
合计	100											

3. 教师对学生工作过程和工作结果进行评价（见表 3-7）。

表 3-7 教师综合评价表

班级：　　　　　　　　姓名：　　　　　　　　学号：

学习情境	使用 Fiddler+Requests 爬取新闻类 App 接口数据		
评价项目	评价标准	分值	得分
考勤（20%）	无无故迟到、早退、旷课现象	20	

（续表）

评价项目		评价标准	分值	得分
工作过程（50%）	环境管理	能正确、熟练使用 Python 工具管理开发环境	5	
	方案制作	能根据技术能力快速、准确地制订工作方案	15	
	数据采集	能根据方案正确、熟练地采集接口源数据	8	
	数据解析	能根据方案正确、熟练地解析 JSON 数据	7	
	数据存储	能根据方案正确、熟练地存储数据到 MySQL	5	
	工作态度	态度端正，工作认真、主动	5	
	职业素质	能做到安全、文明、合法，爱护环境	5	
项目成果（30%）	工作完整	能按时完成任务	5	
	工作质量	能按计划完成工作任务	15	
	识读报告	能正确识读并准备成果展示各项报告材料	5	
	成果展示	能准确表达、汇报工作成果	5	
合计			100	

拓展思考

1. 怎么处理 App 接口数据乱码？
2. 怎么处理加密的 App 接口数据？
3. 你还会遇到哪些 App 数据采集的问题？

单元4 反爬虫策略及解决办法

概述

第 1 单元在介绍 Requests 的相关技术的同时，向大家同步阐述了爬虫过程中常见的难题，也就是反爬虫。

我们先来认知一下爬虫和反爬虫的对比与历史。

- 爬虫：自动获取网站数据的程序，常伴随批量获取。
- 反爬虫：使用技术手段防止爬虫程序的方法。

而反爬虫的最终目的是保护数据。因为爬虫程序的运行会造成：

- 粗暴爬取，服务器压力过大，网站瘫痪。
- 爬虫失控，演变成攻击服务器。
- 商业数据泄露，竞争能力流失等。

爬虫和反爬虫的历史也由来已久，策略也越来越丰富，常见内容如图 4-1 所示。

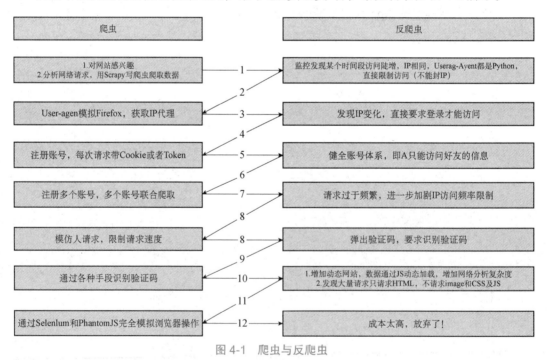

图 4-1 爬虫与反爬虫

本单元教学导航如表 4-1 所示。

表 4-1　教学导航

知识重点	1. 反爬虫策略之 Headers 2. 反爬虫策略之 Cookies 3. 反爬虫策略之 Proxies 4. Tesseract 安装与配置 5. Pytesseract 应用
知识难点	Pytesseract 应用
推荐教学方式	从学习情境任务书入手，通过对任务的解读，引导学生编制工作计划；根据标准工作流程，调整学生工作计划并提出决策方案；通过对相关案例的实施演练让学生掌握任务的实现流程及技能
建议学时	8 学时
推荐学习方法	根据任务要求获取信息，制订工作计划；根据教师演示，动手实践完成工作实施，掌握任务实现的流程与技能，并进行课后的自我评价与扩展思考
必须掌握的理论知识	1. 反爬虫策略之 Headers 2. 反爬虫策略之 Cookies 3. Pytesseract 应用
必须掌握的技能	1. 使用 Headers 模拟浏览器操作 2. 使用 Cookies 记录身份信息 3. 安装 Tesseract 软件 4. 使用 Pytesseract 识别验证码

学习情境 4.1　常见的反爬虫策略及解决办法

User Agent、Cookie 和 Proxies

学习情境描述

1. 教学情境

根据网络爬虫技术的自我学习，总结归纳出所遇见的反爬虫策略及自己是如何解决它的。结合老师或其他资料完善自己对反爬虫策略及技术的认知，完善反爬虫策略体系，并针对反爬虫策略构思对应的解决办法。

2. 关键知识点

（1）反爬虫策略之 Headers。

（2）反爬虫策略之 Cookies。

（3）反爬虫策略之 Proxies。

3. 关键技能点

（1）使用 Headers 模拟浏览器操作。

（2）使用 Cookies 记录身份信息。

学习目标

1. 了解常见的反爬虫策略。

2. 掌握常见反爬虫策略的解决办法。

3. 掌握学习新型反爬虫技术能力。

4. 掌握学习和思考新型反爬虫解决方案。

教学引导

引导问题 1：什么是反爬虫策略？

_____

_____

引导问题 2：你都遇到过哪些反爬虫策略？

_____

_____

引导问题 3：你还知道哪些反爬虫策略？

_____

_____

引导问题 4：对于你遇到的反爬虫策略，你是如何处理的？

_____

_____

引导问题 5：对于你没遇见过的反爬虫策略，你准备如何处理？

_____

_____

知识准备

为了实现任务目标"常见的反爬虫策略及解决办法"，需要学习的知识与技能如图 4-2 所示。

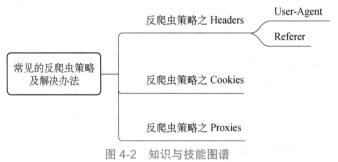

图 4-2　知识与技能图谱

4.1.1　反爬虫策略之 Headers

Headers 是指网络请求的头部信息，也就是网络请求过程中所携带的描述信息，允许你对 IITTP 请求和响应头执行各种操作。

Headers 中常见字段有 Accept、Accept-Encoding、Accept-Language、Content-Type、Connection、User-Agent、Host、Referer、Cookies 等。

基于 Headers 的反爬虫策略常见的有：根据 User-Agent 识别浏览器行为；根据 Cookie

识别用户信息；根据 Referer 识别链路；根据 Content-Type 识别数据类型。以下我们针对 User-Agent 和 Referer 进行处理（其中 Cookies 单独讲解，此处不做处理；Content-Type 是指对服务器进行类型判断识别，此处亦不做讲解）。

1. User-Agent

服务器会通过判断客户端请求头中的 User-Agent 是否来源于浏览器来决定是否启动反爬虫机制。所以，针对 Web 访问的页面或接口，我们需要把自己伪装成一个浏览器来发起访问。因此就要指定 User-Agent 伪装成浏览器发起请求。

样例 4-1：模拟谷歌浏览器，访问百度搜索。

```
import requests

headers = {
    'User-Agent': 'Mozilla/5.0(Windows NT 10.0; Win64; x64)AppleWebKit/
537.36(KHTML, like Gecko)Chrome/89.0.4389.90 Safari/537.36'
}

requests.get(url='http://www.baidu.com/', headers=headers)
```

样例 4-2：随机模拟浏览器，访问百度搜索。

```
import requests
from fake_useragent import UserAgent

headers = {
    'User-Agent': UserAgent().random
}

requests.get(url='http://www.baidu.com/', headers=headers)
```

2. Referer

很多网站的访问都是级联的，而如何去判断当前的访问是通过用户交互行为操作的还是直接访问目标地址的呢？就是通过 Headers 中的 Referer。

Referer 会自动保存并设置链路，也就是上一步历史记录地址，服务器就可以以此为参数判定是不是交互行为的产物。那么我们在程序中如何避免这种反爬虫策略呢？

样例 4-3：保存链路，让交互行为更完整。

```
import requests
from fake_useragent import UserAgent

url = 'https://cn.bing.com/search?q=user-agent&qs=n&form=QBRE&sp=-1&pq=
user-agent&sc=10-10&sk=&cvid=5A450C85AD6E40CFB5D9D9810A2504EE'
referer = 'https://cn.bing.com/search?q=Headers&qs=n&form=QBRE&sp=-1&pq=
headers&sc=10-7&sk=&cvid=7C6B7E50739E4FD29EFDE523EA3E508D'
```

```
headers = {
    'User-Agent': UserAgent().random,
    'Referer': referer,
}

requests.get(url=url, headers=headers)
```

4.1.2　反爬虫策略之 Cookies

Cookies 是请求头的一部分，同时也是 Web 浏览器的凭证。根据实际情况，有时候要指定 cookies 参数。Requests 将 Cookies 从中剥离出来，可以使用 cookies 参数直接指定。

```
url = "https://httpbin.org/cookies"
r = requests.get(url, cookies={'myname': 'lisi'})
```

Cookies 最常用的场景是用户登录信息管理。

在爬取网页时有的要求登录之后才能爬取，所以要和服务器一直保持登录状态。有时策略可以不指定 cookies，而是使用 Session 来完成，Session 提供的 API 和 Requests 是一样的，并且可将 Cookies 自动保存。

```
s = requests.Session()
s.cookies = requests.utils.cookiejar_from_dict({"b": "d"})
r = s.get('https://httpbin.org/cookies')


r = s.get('https://httpbin.org/cookies')
```

综上所述，对于 Cookies 的问题，若在初始状态需要传递，则可以作为属性放置在 Headers 的 Cookies 属性中，也可以单独设置在参数 cookies 中。若在访问过程中实时携带，可以使用 requests.Session()对象自动保存和传递的方式。

4.1.3　反爬虫策略之 Proxies

服务器会针对用户操作对用户行为进行记录，当根据规则匹配识别为程序操作时，可能会进行 IP 封禁的操作。当我们发现 IP 已经被封了，此 IP 就再也访问不到目标网站了。

处理输入式验证码
校验

为了面对封禁 IP 的操作，我们可以进行更完善的设置，避免浏览器识别和 IP 封禁；使用代理 IP，隐藏真实 IP；设置好访问间隔，避免服务器压力过大。

对于使用代理 IP，保护真实机器 IP 的方式如下，可设置 Proxies 参数：

```
proxies = {
'https': 'https://111.226.211.18:8118',
'http': 'http://110.52.235.9:9999'
}
r = requests.get('https://www.baidu.com', proxies=proxies, timeout=2)
```

拓展思考

1. 遇到组合式反爬虫策略，我们如何去处理？
2. 当服务器对访问频率做出限制时，我们如何优化爬虫程序？

学习情境 4.2　处理输入式验证码校验

Tesseract 和
Pytesseract

学习情境描述

1. 教学情境

上一个学习情境简单介绍了常见的网络请求反爬虫策略和解决方法。接下来，我们来看看访问网络时常见的验证码问题。

验证码（CAPTCHA）是 "Completely Automated Public Turing test to tell Computers and Humans Apart"（全自动区分计算机和人类的图灵测试）的缩写，是一种区分用户是计算机还是人的公共全自动程序，可以防止注册机批量注册和恶意登录；防止恶意刷单、投票、评论等；防止爬虫盗取网页内容和数据；防止虚假交易、盗卡支付等。实际上使用验证码是现在很多网站通行的方式，我们利用比较简易的方式实现了这个功能。这个问题可以由计算机生成并评判，但是必须只有人类才能解答。由于计算机无法解答 CAPTCHA 的问题，所以回答出问题的用户就可以被认为是人类。

网站通过验证码来区分用户行为操作和程序行为操作，并以此来响应用户访问响应内容。常见的验证码分为输入式验证码、行为式验证码、智能验证码。

（1）输入式验证码

用户根据图片识别输入内容，后台校验数据，常见的输入有数字、符号、汉字等。

输入式验证码安全系数较低，极易被机器破解，正在慢慢地被行为式验证码替代。而且输入式验证码用户体验较差，需要用户思考，有些加了模糊或干扰元素的，用户思考和试错的时间更长。

（2）行为式验证码

通过判断用户的操作行为和内容匹配程度来验证是否通过。行为式验证码需要更多的思考和交互来判断是否用户行为，常见的有纯单击验证、滑动验证、拼图验证、手势验证、图文验证等。

行为式验证码安全系数较高，可根据不同的场景选择难度系数不同的行为方式。而且行为式验证码用户体验较好，多数操作简单，只需要点点鼠标即可。当然，像 12306 或 Maven Repository 官网这种既考眼力又考脑力的验证码就需要多花心思了。

（3）智能验证码

智能验证码有很高的安全系数，因为它通常会根据用户特征进行识别，比如常见的指纹识别、人脸识别、声音识别等，用户体验较好，操作流畅。智能验证码更多地被使用在移动端。

本次学习情境中，我们以常规的输入式验证码为目标，处理机器识别策略，其他两种验证码类型大家可自行扩展学习。

2．关键知识点

（1）Tesseract 软件。

（2）Pytesseract 软件。

3．关键技能点

（1）安装 Tesseract 软件。

（2）使用 Pytesseract 识别验证码。

学习目标

1．了解验证码的由来和意义。

2．了解验证码的类型和应用场景。

3．掌握网页验证码的定位提取技术。

4．掌握输入式验证码基础识别技术。

任 务 书

1．完成 Tesseract 软件的安装配置。

2．使用 Pytesseract 识别图片内容。

3．使用 Pillow 处理图片干扰信息。

获取信息

引导问题 1：什么是输入式验证码？如何才算通过校验？

_____

_____

引导问题 2：验证码的生成机制是怎样的？为什么爬虫中要处理验证码校验？

_____

_____

引导问题 3：本学习情境中验证码的具体类型和内容范围是什么？

_____

_____

引导问题 4：模拟用户思维和行为，程序中识别输入式验证码的原理是什么？

_____

_____

引导问题 5：输入式验证码校验过程中可能会遇到哪些问题？

_____

_____

引导问题 6：如何定位和获取实时验证码？

_____

_____

引导问题 7：获取到的验证码是否有干扰信息？如何处理这些干扰信息？

_____

_____

引导问题 8：如何处理输入式验证码校验？

_____

_____

进行决策

1. 根据引导、构思、计划等，各自阐述自己的设计方案。
2. 对其他人的设计方案提出自己不同的看法。
3. 教师结合大家完成的情况进行点评，选出最佳方案，并写出最佳方案。

_____

_____

_____

知识准备

为了实现任务目标"处理输入式验证码校验"，需要学习的知识与技能如图 4-3 所示。

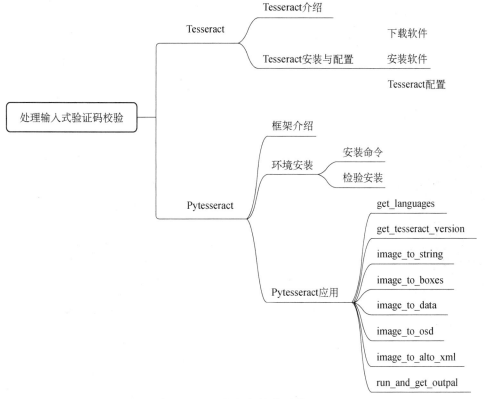

图 4-3 知识与技能图谱

4.2.1 Tesseract

1. Tesseract 介绍

Tesseract，一款由 HP 实验室开发，由 Google 维护的开源 OCR（Optical Character Recognition，光学字符识别）引擎，与 Microsoft Office Document Imaging（MODI）相比，我们可以不断地训练字库，使图像转换文本的能力不断增强；如果团队有深度需要，还可以以它为模板，开发出符合自身需求的 OCR 引擎。

2. Tesseract 安装与配置

Tesseract 的使用需要环境的支持，以实现简单的转换和训练。

（1）下载软件

Tesseract 是 Github 项目，其源码地址为"https://github.com/tesseract-ocr/tesseract"。

Tesseract 有两个大的稳定版本迭代，分别是版本 3 和版本 4，也有一个最新开发测试版本 5。关于 Windows 编译运行软件，可以在官网下载，也可以在下载站下载，以下是官网地址"https://github.com/tesseract-ocr/tesseract/releases/tag/4.1.1"，以下是下载站地址"https://digi.bib.uni-mannheim.de/tesseract"。

（2）安装软件

运行下载的 Tesseract 安装包"tesseract-ocr-w64-setup-v4.1.0.20190314.exe"，选定安装地址，默认安装即可，如图 4-4 所示。

（3）Tesseract 配置

为了支持 Python 的 Pytesseract 库进行 OCR 识别，需要系统识别到 Tesseract 环境。

首先，在系统变量中添加一列"TESSDATA_PREFIX"，并设置 Tesseract 安装目录下的 tessdata 文件夹地址，如图 4-5 所示。

接下来，需要将其路径配置在系统环境 Path 中，配置如图 4-6 所示。

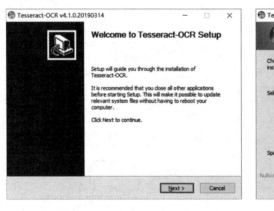

（a）

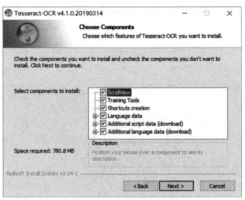

（b）

图 4-4　Tesseract 安装

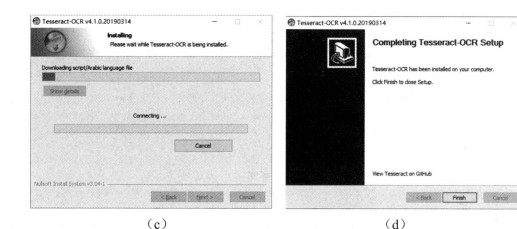

（c）　　　　　　　　　　　　　（d）

图 4-4　Tesseract 安装（续）

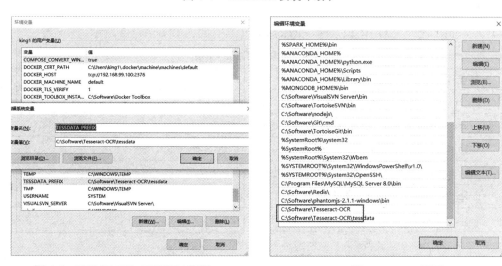

图 4-5　TESSDATA_PREFIX 配置　　　　　图 4-6　Path 配置

接下来，在命令行窗口中验证 Tesseract 环境及版本，输入以下命令：

```
$ tesseract --version
tesseract v4.1.0.20190314
 leptonica-1.78.0
  libgif 5.1.4 : libjpeg 8d(libjpeg-turbo 1.5.3): libpng 1.6.34 : libtiff
4.0.9 : zlib 1.2.11 : libwebp 0.6.1 : libopenjp2 2.3.0
  Found AVX2
  Found AVX
  Found SSE
```

4.2.2　Pytesseract

1. Pytesseract 介绍

Pytesseract 是 Google 做的 OCR 库，可以识别图片中的文字，也是本学习情境中用以识别输入式验证码的有力工具库。

2. Pytesseract 环境

和其他三方库一样，Pytesseract 不属于 Python 本地环境，需要安装后才能使用。

（1）安装 Pytesseract

可以使用 pip 命令安装 Python 的 Pytesseract 库，语法如下：

```
$ pip install Pytesseract
```

（2）验证安装

可以使用 pip 命令验证 Pytesseract 库的安装成果，语法如下：

```
$ pip list
```

在已安装列表中显示了 Pytesseract 及其对应版本，表明 Pytesseract 库安装成功。

3. Pytesseract 应用

Pytesseract 是一个 OCR 识别库，Pytesseract 具有的函数如表 4-2 所示。

表 4-2　Pytesseract 函数

函　数	描　述
get_languages	返回 Pytesseract OCR 当前支持的所有语言
get_tesseract_version	返回安装在系统中的 Pytesseract 版本
image_to_string	返回未修改的输出作为字符串由 Pytesseract OCR 处理
image_to_boxes	包含识别字符及其框边界的返回结果
image_to_data	返回结果包含框边界、信任和其他信息
image_to_osd	返回结果包含有关方向和脚本检测的信息
image_to_alto_xml	返回以 Pytesseract 的 ALTO XML 格式信息
run_and_get_output	返回 Pytesseract OCR 的原始输出

其中，最常用也最直接识别验证码的函数是 image_to_string，将值作为字符串进行输出。

样例 4-4：使用 Pytesseract 识别图 4-7 中的内容。

图 4-7　样例 4-4 图

```
import pytesseract
from PIL import Image

image = Image.open(r'C:\Users\king1\Pictures\Saved Pictures\code2.jpg')
print(pytesseract.image_to_string(image))
```

运行程序，输出识别内容：

```
C:\Software\anaconda3\python.exe C:/Repositories/PyCharm/Learning_
Situation_7/样例 4-4.py
   OFXo


Process finished with exit code 0
```

相关案例

　　按照本单元所涉及的知识面及知识点，准备下一步实际工作中验证码校验的参考案例，展示如何使用 Pytesseract 有效识别输入式验证码并进行验证码的校验。

知网验证码识别

　　1. 确定目标

　　本次纯粹使用技术验证数据，选择中国知网会员注册界面的验证码进行演示，注册页面如图 4-8 所示。

图 4-8　中国知网注册页

　　通过定位、检索，得到注册页中图片验证码实际是由 Ajax 实时请求刷新的，URL 地址为 http://my.cnki.net/elibregister/CheckCode.aspx，定位效果如图 4-9 所示。

　　通过观察和操作网页发现，在"立即注册"按钮事件上，会校验并上传数据进行会员注册；在验证码输入框中输入验证码并失去焦点时，会自动请求校验，校验地址为 http://my.cnki.net/elibregister/Server.aspx。

　　综上所述，本次使用 Pytesseract 进行验证码校验主要针对验证码获取接口和校验接口，不做实际注册操作。

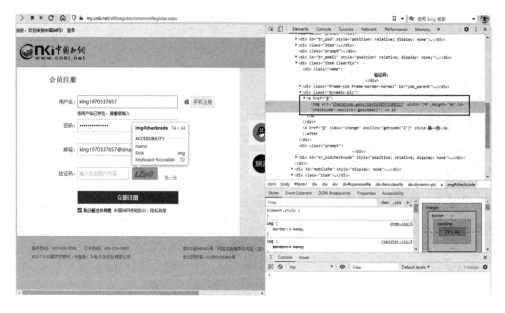

（a）

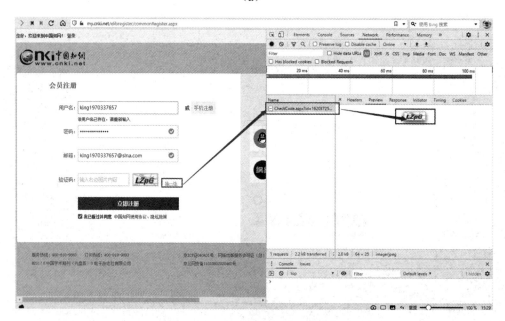

（b）

图 4-9　验证码定位图

2. 安装环境

本次项目使用环境为：

- 本地语言环境：Python 3.8。
- 编译工具：PyCharm 2021.2。
- 网络请求框架：urllib 1.26.4、Requests 2.25.1。

- 图片处理框架：Pillow 8.2.0。
- OCR 识别框架：Pytesseract 0.3.8。

3. 构建项目

在准备工作都完成之后，即可通过工具 PyCharm 构建项目，并开始进行项目开发了。
使用 PyCharm 构建基本 Python 项目"Learning_Situation_7"，效果如图 4-10 所示。

图 4-10　构建项目

4. 编写验证码校验程序

在创建的项目"Learning_Situation_7"中构建验证码校验程序，以下是具体操作步骤。
（1）构建可执行文件
创建网络爬虫可执行文件"check_the_verification_code.py"。
（2）导入模块

```
import pytesseract
from PIL import Image
from urllib.request import urlretrieve
```

（3）获取验证码图片

```
url_get_code = 'http://my.cnki.net/elibregister/CheckCode.aspx'


def getImage(filename):
    urlretrieve(url=url_get_code, filename=filename)
```

（4）OCR 识别图片内容

```
def ocrImage(filename):
```

```
    image = Image.open(filename)

    result_ocr = pytesseract.image_to_string(image)

    result_filter = ''
    for item in result_ocr:
        if str(item).isalnum():
            result_filter += item

    return result_filter
```

5. 运行程序

（1）构建程序启动入口

```
if __name__ == '__main__':
    filename = 'code.jpg'
    getImage(filename=filename)
    print(ocrImage(filename=filename))
```

（2）运行程序

选中可执行文件，右键单击，选中"Run 'check_the_verification_code.py'"或"Debug 'check_the_verification_code.py'"。

6. 效果截图

多次运行，获得如图 4-11 所示的效果图。

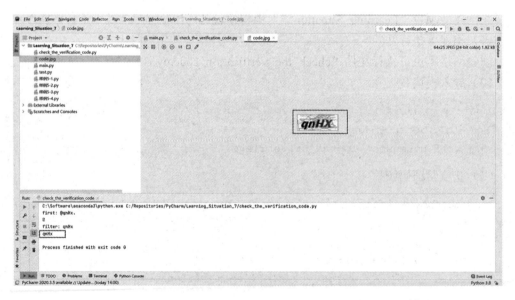

（a）

图 4-11　程序运行效果截图

196

（b）

（c）

（d）

图 4-11　程序运行效果截图（续）

（e）

图 4-11　程序运行效果截图（续）

由上述程序运行结果可以看出，Pytesseract 可以通过 OCR 识别判定较为规范或干扰较少的输入式验证码内容，对于复杂、干扰较多的验证码则能力有所不及。

7. 优化识别程序

原始图片存在干扰，我们可以使用 Pillow 中的 Image 模块对图片进行一些处理，常见的处理方式有灰度处理、二值化处理、降噪处理等。

（1）灰度处理

可以直接调用 Image.convert()函数，传递参数'L'将图片转为灰度图像。

```
image = image.convert('L')
```

（2）二值化处理

和灰度处理类似，Image 模块调用 convert()函数传递参数'1'就是默认采用阈值为 127 的二值化转化。

```
image = image.convert('1')
```

也可以指定二值化的阈值，不过不能使用原图直接转化，而需要先进行灰度处理。

```
image = image.convert('L')
threshold = 127
table = []
for i in range(256):
    if i < threshold:
        table.append(0)
    else:
        table.append(1)


image = image.point(table, '1')
```

（3）降噪处理

```
def noise_remove_pil(image_name, k):
    """
    8 邻域降噪
    Args:
        image_name: 图片文件命名
        k: 判断阈值
    """

    def calculate_noise_count(img_obj, w, h):
        """
        计算邻域非白色的个数
        Args:
            img_obj: img obj
            w: width
            h: height
        Returns:
            count(int)
        """
        count = 0
        width, height = img_obj.size
        for _w_ in [w - 1, w, w + 1]:
            for _h_ in [h - 1, h, h + 1]:
                if _w_ > width - 1:
                    continue
                if _h_ > height - 1:
                    continue
                if _w_ == w and _h_ == h:
                    continue
                if img_obj.getpixel((_w_, _h_))< 230:  # 这里因为是灰度图像,设置
小于 230 为非白色
                    count += 1
        return count

    img = Image.open(image_name)
    # 灰度
    gray_img = img.convert('L')

    w, h = gray_img.size
    for _w in range(w):
        for _h in range(h):
            if _w == 0 or _h == 0:
                gray_img.putpixel((_w, _h), 255)
```

```
            continue
        # 计算邻域非白色的个数
        pixel = gray_img.getpixel((_w, _h))
        if pixel == 255:
            continue

        if calculate_noise_count(gray_img, _w, _h)< k:
            gray_img.putpixel((_w, _h), 255)
    return gray_img
```

工作实施

按照制订的最佳方案实施计划进行项目开发，填充相应的工作流程内容。

评价反馈

各自完成学习情境的开发并展示作品，介绍任务的完成过程，作品展示前应准备阐述材料，并完成评价。

1. 学生进行自我评价（见表 4-3）。

表 4-3 学生自评表

班级：　　　　　　　　姓名：　　　　　　　　学号：

学习情境	处理输入式验证码校验		
评价项目	评价标准	分值	得分
OCR 识别环境管理	能正确、熟练配置管理 OCR 识别环境	15	
方案制作	能根据技术能力快速、准确地制订工作方案	15	
验证码图片采集	能根据方案正确、熟练地提取验证码原图	15	
图片处理能力	能根据方案正确、熟练地处理图片	15	
OCR 识别能力	能根据方案正确、熟练地识别校验验证码	15	
项目开发能力	根据项目开发进度及应用状态评价开发能力	10	
工作质量	根据项目开发过程及成果评定工作质量	15	
合计		100	

2. 教师对学生工作过程和工作结果进行评价（见表4-4）。

表 4-4　教师综合评价表

班级：　　　　　　　　　姓名：　　　　　　　　　学号：

学习情境		处理输入式验证码校验		
评价项目		评价标准	分值	得分
考勤（20%）		无无故迟到、早退、旷课现象	20	
工作过程（50%）	环境管理	能正确、熟练使用 Python 工具管理开发环境	5	
	方案制作	能根据技术能力快速、准确地制订工作方案	15	
	数据采集	能根据方案正确、熟练地采集验证码图片	8	
	图片处理	能根据方案正确、熟练地按需处理图片	7	
	OCR 识别	能根据方案正确、熟练地识别校验验证码	5	
	工作态度	态度端正，工作认真、主动	5	
	职业素质	能做到安全、文明、合法，爱护环境	5	
项目成果（30%）	工作完整	能按时完成任务	5	
	工作质量	能按计划完成工作任务	15	
	识读报告	能正确识读并准备成果展示各项报告材料	5	
	成果展示	能准确表达、汇报工作成果	5	
合计			100	

拓展思考

1. 除了本单元介绍的识别输入式验码方法，还有什么方式识别输入式验证码？
2. 如何识别其他类型的验证码？

单元 5　爬虫优化策略

概述

　　在此之前，我们已经了解了爬虫与反爬虫策略，网站或服务器设置的一系列反爬虫策略会让我们进行爬虫程序的过程困难重重。不管是基本的 User-Agent 识别爬虫、IP 访问频率，还是复制的并发识别爬虫、窗口时间过滤统计、IP/API Token 访问量限制，都是我们网络爬虫路上的绊脚石。

　　为了应对或提升网络爬虫的稳定性，我们往往会在基础爬虫程序中做一些优化策略，比如：

- 设置下载延迟。
- 优化 Cookies 存储。
- 优化 User-Agent。
- 使用 IP 代理池。
- 模拟用户行为。

　　优化网络爬虫程序不仅仅是要提升网络爬虫的稳定性，而且是要提升网络爬虫的效率。在前面我们已经就反爬虫策略对应的稳定性策略做了处理，本次内容主要讲解通过 Scrapy 和 Redis 结合提高网络爬虫的效率，并处理重复请求的自动过滤。本单元教学导航如表 5-1 所示。

表 5-1　教学导航

知识重点	1. Redis 库环境管理 2. Redis 数据存储 3. Scrapy 配置 Redis 分布式爬虫
知识难点	1. Redis 数据存储 2. Scrapy 配置 Redis 分布式爬虫
推荐教学方式	从学习情境任务书入手，通过对任务的解读，引导学生编制工作计划；根据标准工作流程，调整学生工作计划并提出决策方案；通过对相关案例的实施演练，让学生掌握任务的实现流程及技能
建议学时	8 学时
推荐学习方法	根据任务要求获取信息，制订工作计划；根据教师演示，动手实践完成工作实施，掌握任务实现的流程与技能；并进行课后的自我评价与扩展思考
必须掌握的理论知识	1. Redis 数据存储 2. Scrapy 配置 Redis 分布式爬虫
必须掌握的技能	1. 使用 Redis 存储数据 2. 使用 Scrapy 配置 Redis 分布式爬取数据

学习情境　Scrapy+Redis 分布式爬取电影数据

学习情境描述

1. 教学情境

在已有网络爬虫知识和技术的基础上，通过 Redis 数据源或目标数据存储，完成自动去重；将 Redis 和 Scrapy 结合，将多层级批量数据采集程序切换成分布式爬虫程序，并进行异步网络请求，提高网络爬虫的效率。

本次情境所涉及知识点有 Scrapy 和 Redis，并通过指定方式存储数据。

2. 关键知识点

（1）Redis 库环境管理。

（2）Redis 数据存储。

3. 关键技能点

掌握使用 Redis 存储数据。

学习目标

1. 理解 Scrapy 网络爬虫框架及原理。
2. 掌握 Scrapy 项目系统配置及爬虫策略配置。
3. 掌握本地 Redis 的安装配置。
4. 掌握 Python 模块库（Redis 等）安装管理应用。
5. 能根据实际网页源分析网络爬虫请求限制。
6. 能使用 Scrapy + Redis 进行分布式数据采集工作。
7. 能使用 XPath 规范格式化文档并获取目标数据。
8. 能使用 PyMySQL 完成 MySQL 结构化数据存储。

任 务 书

1. 安装配置 Redis 本地环境。
2. 安装管理 Redis 库。
3. 完成 Scrapy 和 Redis 项目整合。
4. 完成 Scrapy+Redis 分布式数据采集。

获取信息

引导问题 1：有哪些方式可以优化网络爬虫程序？

_____

_____

引导问题 2：什么是分布式爬虫？分布式爬虫为什么能优化网络爬虫程序？

_____

_____

_____

引导问题 3：Redis 框架体系结构及原理是什么？

_____

_____

引导问题 4：Scrapy 和 Redis 如何组合构建网络爬虫程序？

_____

_____

工作计划

1. 制订工作方案（见表 5-2）

根据获取到的信息进行方案预演，选定目标，明确执行过程。

表 5-2　工作方案

步骤	工作内容
1	
2	
3	
4	
5	
6	
7	
8	

2. 写出此工作方案执行的网络爬虫工作原理

_____

_____

_____

3. 列出工具清单（见表 5-3）

列出本次实施方案中所需要用到的软件工具。

表 5-3　工具清单

序号	名称	版本	备注
1			
2			
3			
4			
5			

（续表）

序号	名称	版本	备注
6			
7			
8			

4. 列出技术清单（见表 5-4）

列出本次实施方案中所需要用到的软件技术。

表 5-4　技术清单

序号	名称	版本	备注
1			
2			
3			
4			
5			
6			
7			
8			

进行决策

1. 根据引导、构思、计划等，各自阐述自己的设计方案。

2. 对其他人的设计方案提出自己不同的看法。

3. 教师结合大家完成的情况进行点评，选出最佳方案，并写出最佳方案。

_____

_____

_____

知识准备

为了实现任务目标 "Scrapy+Redis 分布式爬取电影数据"，需要学习
的知识与技能如图 5-1 所示。

5.1.1　Redis

1. Redis 介绍

Redis 安装与
使用

Redis 是一个开源（BSD 许可）的内存中的数据结构存储系统，它可以用作数据库、
缓存和消息中间件。它支持多种类型的数据结构，如字符串（Strings）、散列（Hashes）、
列表（Lists）、集合（Sets）、有序集合（Sorted Sets）与范围查询、bitmaps、HyperLogLogs

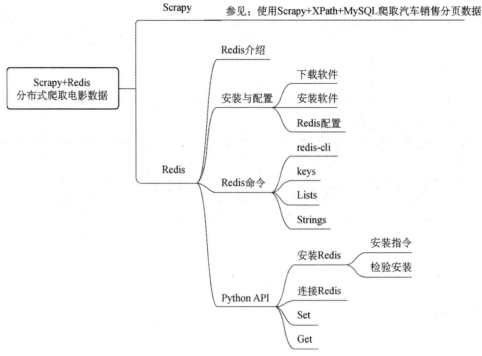

图 5-1　知识与技能图谱

和地理空间（Geospatial）、索引半径查询。Redis 内置了复制（Replication）、LUA 脚本（Lua Scripting）、LRU 驱动事件（LRU Eviction）、事务（Transactions）和不同级别的磁盘持久化（Persistence），并通过 Redis 哨兵（Sentinel）和自动分区（Cluster）提供高可用性（High Availability）。

Redis 是一个开源的使用 ANSI C 语言编写、遵守 BSD 协议、支持网络、可基于内存、分布式、可选持久性的键值对（Key-Value）存储数据库，并提供多种语言的 API。

Redis 通常被称为数据结构服务器，因为值（Value）可以是字符串（String）、哈希（Hash）、列表（List）、集合（Sets）和有序集合（Sorted Sets）等类型。

2. Redis 安装与配置

Redis 本质上是一款 NoSQL 数据库，需要安装配置运行服务。

（1）下载软件

Redis 官网当前最新稳定版本为 6.2.3，但是它是未编译的源代码，直接适用于 Linux 或 UNIX 系统，对于 Windows 系统安装配置时需要先进行编译。

可以直接到 Github 上查找 Redis Windows 平台编译版本，当前最新稳定版为 5.0.10，地址为 "https://github.com/tporadowski/redis/releases"。

（2）安装软件

运行下载的 Redis 安装包 "Redis-x64-5.0.10.msi"，选定安装地址，默认安装即可，效果如图 5-2 所示。

（a）

（b）

（c）

图 5-2　Redis 安装

验证 Redis 安装，在 CMD 窗口中启动 Redis 服务，如图 5-3 所示。

图 5-3　Redis 验证

（3）Redis 配置

在安装 Redis 过程中，可选择是否将 Redis 安装路径添加到系统环境中，若未选择，则将其添加在 Path 下，配置如图 5-4 所示。

图 5-4　Redis 配置

3. Redis 命令

Redis 命令十分丰富，包括的命令组有 Cluster、Connection、Geo、Hashes、HyperLogLog、Keys、Lists、Pub/Sub、Scripting、Server、Sets、Sorted Sets、Strings、Transactions 共 14 个 Redis 命令组 200 多个 Redis 命令。

本学习情境中 Redis 是作为分布式数据库做数据存储的，常用的命令主要集中于 Keys、Lists、Strings 命令组中。

（1）redis-cli

redis-cli 命令指的是 Redis 安装目录下的 redis-cli.exe 文件，此命令用于在 Redis 服务上执行操作，而要在 Redis 服务上执行命令需要一个 Redis 客户端。

Redis 客户端的基本语法为：

```
$ redis-cli [-h host] [-p port] [-a password]
```

样例 5-1： 启动 Redis 服务器，打开终端并输入 redis-cli 命令，连接 Redis 服务，查看当前数据库中存储的 keys 列表。

```
$ redis-cli
127.0.0.1:6379> keys *
1)"dytt8_list_detail:start_urls"
127.0.0.1:6379> ping
PONG
127.0.0.1:6379>
```

（2）Keys

命令组 Keys 中的命令用于管理 Redis 键，命令的基本语法为：

```
127.0.0.1:6379> COMMAND KEY [OPTION]
```

表 5-5 是 Redis Keys 命令组的基本命令。

表 5-5　Keys 命令

命令	描述
DEL key [key ...]	删除指定的 key（一个或多个）
DUMP key	导出 key 的值
EXISTS key [key ...]	查询一个 key 是否存在
EXPIRE key seconds	设置一个 key 的过期的秒数
EXPIREAT key timestamp	设置一个 UNIX 时间戳的过期时间
KEYS pattern	查找所有匹配给定的模式的键
MIGRATE host port key destination-db timeout [COPY] [REPLACE]	原子性地将 key 从 Redis 的一个实例移到另一个实例
MOVE key db	移动一个 key 到另一个数据库
OBJECT subcommand [arguments [arguments ...]]	检查内部的再分配对象
PERSIST key	移除 key 的过期时间
PEXPIRE key milliseconds	设置 key 的有效时间以毫秒为单位
PEXPIREAT key milliseconds-timestamp	设置 key 的到期 UNIX 时间戳，以毫秒为单位
PTTL key	获取 key 的有效毫秒数
RANDOMKEY	返回一个随机的 key
RENAME key newkey	将一个 key 重命名
RENAMENX key newkey	重命名一个 key，新的 key 必须是不存在的 key
SORT key [BY pattern] [LIMIT offset count] [GET pattern [GET pattern ...]] [ASC|DESC] [ALPHA] [STORE destination]	对队列、集合、有序集合排序

（续表）

命令	描述
TTL key	获取 key 的有效时间（单位：秒）
TYPE key	获取 key 的存储类型
SCAN cursor [MATCH pattern] [COUNT count]	增量迭代 key

样例 5-2：在 Redis 中添加 name "zhangsan"，并判断 "zhangsan" 存在后将其删除。

```
$ redis-cli
127.0.0.1:6379> keys *
(empty list or set)
127.0.0.1:6379> exists name
(integer)0
127.0.0.1:6379> set name zhangsan
OK
127.0.0.1:6379> exists name
(integer)1
127.0.0.1:6379> get name
"zhangsan"
127.0.0.1:6379> del name
(integer)1
127.0.0.1:6379> exists name
(integer)0
```

（3）Lists

Redis 列表是简单的字符串列表，按照插入顺序排序。你可以添加一个元素到列表的头部（左边）或者尾部（右边），一个列表最多可以包含 $2^{32}-1$ 个元素。

表 5-6 是 Redis Lists 命令组的基本命令。

表 5-6　Lists 命令

命令	描述
LINDEX key index	获取一个元素，通过其索引列表
LINSERT key BEFORE|AFTER pivot value	在列表中的另一个元素之前或之后插入一个元素
LLEN key	获得队列（Lists）的长度
LPOP key	从队列的左边出队一个元素
LPUSH key value [value ...]	从队列的左边入队一个或多个元素
LRANGE key start stop	从列表中获取指定返回的元素
LREM key count value	从列表中删除元素
LSET key index value	设置队列里面一个元素的值
RPOP key	从队列的右边出队一个元素
RPUSH key value [valuc ...]	从队列的右边入队一个元素

样例 5-3：在 Redis 中添加一个 List "technology"，添加常见技术名词。

```
$ redis-cli
```

```
127.0.0.1:6379> lpush technology java
(integer)1
127.0.0.1:6379> lpush technology python
(integer)2
127.0.0.1:6379> rpush technology go
(integer)3
127.0.0.1:6379> lpush technology c
(integer)4
127.0.0.1:6379> rpush technology scala
(integer)5
127.0.0.1:6379> lrange technology 0 6
1)"c"
2)"python"
3)"java"
4)"go"
5)"scala"
127.0.0.1:6379>
```

（4）Strings

Redis 字符串数据类型的相关命令用于管理 Redis 字符串值，基本语法如下：

```
127.0.0.1: 6379> COMMAND KEY [OPTION]
```

表 5-7 是 Redis Strings 命令组的基本命令。

表 5-7　Strings 命令

命令	描述
APPEND key value	追加一个值到 key 上
GET key	返回 key 的 value
GETSET key value	设置一个 key 的 value，并获取设置前的值
MGET key [key ...]	获得所有 key 的值
MSET key value [key value ...]	设置多个 key value
SET key value [EX seconds] [PX milliseconds] [NX|XX]	设置一个 key 的 value 值
STRLEN key	获取指定 key 值的长度

4. 在 Python 中使用 Redis

在 Python 中使用 Redis，需要额外库环境支持，以下将介绍 Redis
库环境安装、Redis 连接、Redis 数据操作。

Redis PythonAPI

（1）安装 Redis 库

使用 pip 命令进行安装 Redis（Redis-Py），语法如下：

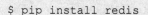

```
$ pip install redis
```

（2）连接 Redis

Python 连接 Redis 可以通过 Redis 库的 redis()函数，也可以通过 ConnectionPool()线程

池的方式。使用 redis()函数连接 Redis 同样会维护一份默认的连接池。

连接 Redis 语法如下：

```
redis.Redis(host: str = 'localhost', port: int = 6379, db: int = 0, password:
Any = None, socket_timeout: Any = None, socket_connect_timeout: Any = None,
socket_keepalive: Any = None, socket_keepalive_options: Any = None,
connection_pool: Any = None, unix_socket_path: Any = None, encoding: str =
'utf-8', encoding_errors: str = 'strict', charset: Any = None, errors: Any = None,
decode_responses: bool = False, retry_on_timeout: bool = False, ssl: bool = False,
ssl_keyfile: Any = None, ssl_certfile: Any = None, ssl_cert_reqs: str =
'required', ssl_ca_certs: Any = None, ssl_check_hostname: bool = False,
max_connections: Any = None, single_connection_client: bool = False,
health_check_interval: int = 0, client_name: Any = None, username: Any = None)
```

其中最主要的参数有 4 个，分别是：

- host：Redis 所在机器 IP。
- port：Redis 进程端口号，默认为 6379。
- db：选定操作的数据库编号，默认为第一个。
- password：Redis 连接密码，默认无密码。

（3）set

连接了 Redis 后，就可以使用 API 操作 Redis 中的数据了。

set()函数是为指定 key 设置指定 value，做数据存储，语法如下：

```
set(name, value, ex=None, px=None, nx=False, xx=False)
```

其中参数介绍如下。

- name：指定存储的 key，如果相同，则 value 会被覆盖。
- value：设置 key 对应存储的值。
- ex：过期时间（秒），时间到了后 Redis 会自动删除。
- px：过期时间（毫秒），时间到了后 Redis 会自动删除。ex、px 二选一即可。
- nx：如果设置为 True，则只有 name 不存在时，当前 set 操作才执行。
- xx：如果设置为 True，则只有 name 存在时，当前 set 操作才执行。

也可以调用 mset()一次性设置多个值。

```
mset(*args, **kwargs)
```

（4）get

get()函数是获取指定 key 对应存储的值，若 key 不存在，则返回 None，语法如下：

```
get(name)
```

也可以调用 mget()一次性获取多个值。

```
mget(keys, *args)
```

相关案例

按照本单元所涉及的知识面及知识点，准备下一步工作实施的参考案例，展示项目案例"Scrapy+Redis 分布式爬取电影数据"的实施过程。

按照网络爬虫的实际项目开发过程，以下展示的是具体流程。

分布式获取电影
天堂电影数据 1

1. 确定数据源

根据目标"电影数据"，筛选网站群，将目标定位到电影天堂，网址为 https://dytt8.net/ index.htm，首页效果如图 5-5 所示。

图 5-5   电影天堂首页

为了方便收集目标数据，定位到电影天堂所有分类栏目，地址为 https//dytt8.net/html/gndy/dyzz/index.html，栏目分类页面如图 5-6 所示。

2. 确定目标数据

由目标数据源页面可见，每个分类栏目下是分页电影列表，而电影数据即为电影列表下每条电影详情。选中电影项目，查看详情页，效果如图 5-7 所示。

根据电影详情展示内容，综合考虑，获取以下字段信息作为目标数据结构，分别有：译名、片名、年代、产地、类别、语言、字幕、上映日期、IMDb 评分、豆瓣评分、文件格式、视频尺寸、文件大小、片长、导演、编剧、主演、标签、影片简介、获奖情况、封面图片、下载链接、详情链接。

3. 安装环境

本次项目使用环境为：

- 机器数量：至少 3 台（本次在本地开 3 个进程模拟 3 台机器）。
- 本地环境：Python 3.8、Redis 6.2.3。

图 5-6　查看 Request Headers

图 5-7　电影详情页

- 编译工具：PyCharm 2021.2。
- 网络请求：Scrapy 2.4.1。
- 网页解析：XPath 4.6.3（lxml）。
- 数据存储：Redis 3.5.3、CSV。

4. 构建项目

因为使用 Scrapy 框架，所以可以直接使用 scrapy 命令构建带有 Scrapy 配置和结构的项目。

（1）构建项目

```
$ scrapy startproject Learning_Situation_8
```

（2）构建 Spider

本次操作将栏目下所有电影列表和电影详情数据爬虫分开操作，目的是利用分布式集群的优势，快速、高效地进行数据采集工作，具体分配在后续运行时说明。

```
$ cd Learning_Situation_8
$ scrapy genspider dytt8_list_detail dytt8.net
$ scrapy genspider dytt8_movie_detail dytt8.net
```

（3）打开项目

使用 PyCharm 打开项目"Learning_Situation_8"，效果如图 5-8 所示。

图 5-8 项目结构图

5. 编写数据采集程序

我们将在 dytt8_list_detail 中进行所有栏目所有分页下电影列表数据的爬取，在 dytt8_movie_detail 中进行 dytt8_list_detail 采集电影列表电影详情数据的爬取，并最终通过 Pipeline 将数据存储于本地 CSV 中。

（1）dytt8_list_detail

①添加 Scrapy-Redis 环境配置。在项目 settings.py 文件中添加 Scrapy-Redis 配置，内容

如下：

```
# Obey robots.txt rules
ROBOTSTXT_OBEY = False


""" scrapy-redis 配置 """
# Enables scheduling storing requests queue in redis.
SCHEDULER = "scrapy_redis.scheduler.Scheduler"
# Ensure all spiders share same duplicates filter through redis.
DUPEFILTER_CLASS = "scrapy_redis.dupefilter.RFPDupeFilter"

# 指定 Redis 链接源数据库的连接参数
REDIS_HOST = "127.0.0.1"
REDIS_PORT = "6379"
"""
REDIS_PARAMS ={
    'password': 'root',  # 服务器的 Redis 对应密码
}
"""

ITEM_PIPELINES = {
    'scrapy_redis.pipelines.RedisPipeline': 300,
}
```

②置换 Scrapy-Redis 开发环境。将原有的 Scrapy 环境置换为 Scrapy-Redis 环境，修改如下：

```
import scrapy
from scrapy_redis.spiders import RedisSpider


class Dytt8ListDetailSpider(RedisSpider):
    name = 'dytt8_list_detail'
allowed_domains = ['dytt8.net']
    # start_urls = ['http://dytt8.net/']
    redis_key = 'dytt8_list_detail:start_urls'
```

如此配置之后，可将 Scrapy 的启动地址交由 Redis 管理，并指定 key 为 dytt8_list_detail: start_urls，后续操作即可等同于往常的 Scrapy 项目开发。

③构建 Redis 工具类。

```
# -*- coding: utf-8 -*-
import redis


# IP 切换为启动机器的 IP，因使用时将项目整体运行，统筹管理，可设置为 Master ip:192.168.
```

```
141.249
    # port 切换为安装或定义的 Port
    pool = redis.ConnectionPool(host='127.0.0.1', port=6379, db=0, decode_
responses=True)


    def insertIntoLinkToMovieDetail(str):
        try:
            # r = redis.Redis(host='127.0.0.1', port=6379, db=0)
            r = redis.Redis(connection_pool=pool)
        except:
            print('连接 Redis 失败')
        else:
            r.lpush('dytt8_movie_detail:start_urls', str)

            r.close()


    def pushInitalStartUrls():
        try:
            # IP 切换为启动机器的 IP,因使用时将项目整体运行,可设置为 localhost
            # r = redis.Redis(host='127.0.0.1', port=6379, db=0)
            r = redis.Redis(connection_pool=pool)
        except:
            print('连接 Redis 失败')
        else:
            # 最新电影 o
            for i in range(1, 230):
                r.lpush('dytt8_list_detail:start_urls', 'https://dytt8.net/html/
gndy/dyzz/list_23_{}.html'.format(i))

            # 日韩电影
            for i in range(1, 46):
                r.lpush('dytt8_list_detail:start_urls', 'https://dytt8.net/html/
gndy/rihan/list_6_{}.html'.format(i))

            # 欧美电影
            for i in range(1, 256):
                r.lpush('dytt8_list_detail:start_urls', 'https://dytt8.net/html/
gndy/oumei/list_7_{}.html'.format(i))

            # 国内电影
            for i in range(1, 134):
                r.lpush('dytt8_list_detail:start_urls', 'https://dytt8.net/html/
```

```
gndy/china/list_4_{}.html'.format(i))

        # 综合电影
        for i in range(1, 220):
            r.lpush('dytt8_list_detail:start_urls', 'https://dytt8.net/html/
gndy/jddy/list_63_{}.html'.format(i))

        r.close()
```

④数据采集与处理。

```
    def parse(self, response):
        tables = response.xpath('//div[@class="co_content8"]//table')
        for table in tables:
            a = table.xpath('./tr[2]/td[2]/b/a[1]')

            dytt8_movie_detail = '{}{}'.format(self.prefix, a.xpath('./
@href').extract_first().strip())

            RedisUtil.insertIntoLinkToMovieDetail(dytt8_movie_detail)
```

（2）dytt8_movie_detail

①置换 Scrapy-Redis 开发环境。将原有的 Scrapy 环境置换为 Scrapy-Redis 环境，修改如下：

```
import scrapy

# 获取所有电影详情
from scrapy_redis.spiders import RedisSpider


class Dytt8MovieDetailSpider(RedisSpider):
    name = 'dytt8_movie_detail'
allowed_domains = ['dytt8.net']
    # start_urls = ['http://dytt8.net/']
    redis_key = 'dytt8_movie_detail:start_urls'
```

②构建 Movie 类对象。

```
class Movie(scrapy.Item):
    aliasname = scrapy.Field() # '译名',
    name = scrapy.Field() # '片名',
    year = scrapy.Field() # '年代'
    producingarea = scrapy.Field() # '产地',
    category = scrapy.Field() # '类别',
    language = scrapy.Field() # '语言',
```

```
        captions = scrapy.Field()  # '字幕'
        realsetime = scrapy.Field()  # '上映日期',
        score_imdb = scrapy.Field()  # 'IMDb 评分',
        score_douban = scrapy.Field()  # '豆瓣评分',
        format = scrapy.Field()  # '文件格式'
        dimension = scrapy.Field()  # '视频尺寸'
        filesize = scrapy.Field()  # '文件大小'
        filmlength = scrapy.Field()  # '片长',
        director = scrapy.Field()  # '导演',
        screenwriter = scrapy.Field()  # '编剧'
        leadingactor = scrapy.Field()  # '主演',
        label = scrapy.Field()  # '标签'
        desc = scrapy.Field()  # '影片简介',
        awards = scrapy.Field()  # '获奖情况'

        coverimg = scrapy.Field()  # '封面图片',
        href_download = scrapy.Field()  # '下载链接'

        href_info = scrapy.Field()  # '详情链接'
```

③数据采集与处理。

分布式获取电影
天堂电影数据 2

```
    from Learning_Situation_8.items import Movie

        def parse(self, response):
            movie = Movie(name='', aliasname='', year='',
producingarea='', category='', language='', captions='',
                        realsetime='', score_imdb='', score_douban='',
format='', dimension='', filesize='',
                        filmlength='', director='', screenwriter='',
leadingactor='', label='', desc='', awards='',
                        coverimg='', href_download='', href_info=response.url)

            div = response.xpath('//div[@id="Zoom"][1]')

            if div.xpath('.//img[1]'):
                movie['coverimg']                                           =
div.xpath('.//img[1]/@src').extract_first().strip()

            if div.xpath('.//a[1]'):
                movie['href_download']                                      =
div.xpath('.//a[1]/@href').extract_first().strip()

            attrs = ';'.join([x.strip()for  x  in  div.xpath('.//text()').
extract()]).strip().split('◎')
```

```
            for attr in attrs:
                if len(attr.strip())== 0:
                    continue
                else:
                    parseMovie(movie, attr)


            yield movie



    def parseMovie(movie, attr):
        if attr.startswith('译  名'):
            movie['aliasname'] = attr[len('译    名'):len(attr)- 1].strip().
replace('\"', '\'')
        elif attr.startswith('片  名'):
            movie['name'] = attr[len('片  名'):len(attr)- 1].strip()
        elif attr.startswith('年  代'):
            movie['year'] = attr[len('年  代'):len(attr)- 1].strip()
        elif attr.startswith('产  地'):
            movie['producingarea'] = attr[len('产  地'):len(attr)- 1].strip()
        elif attr.startswith('类  别'):
            movie['category'] = attr[len('类  别'):len(attr)- 1].strip()
        elif attr.startswith('语  言'):
            movie['language'] = attr[len('语  言'):len(attr)- 1].strip()
        elif attr.startswith('字  幕'):
            movie['captions'] = attr[len('字  幕'):len(attr)- 1].strip()
        elif attr.startswith('上映日期'):
            movie['realsetime'] = attr[len('上映日期'):len(attr)- 1].strip()
        elif attr.startswith('IMDb 评分'):
            movie['score_imdb'] = attr[len('IMDb 评分'):len(attr)- 1].strip()
        elif attr.startswith('豆瓣评分'):
            movie['score_douban'] = attr[len('豆瓣评分'):len(attr)- 1].strip()
        elif attr.startswith('文件格式'):
            movie['format'] = attr[len('文件格式'):len(attr)- 1].strip()
        elif attr.startswith('视频尺寸'):
            movie['dimension'] = attr[len('视频尺寸'):len(attr)- 1].strip()
        elif attr.startswith('文件大小'):
            movie['filesize'] = attr[len('文件大小'):len(attr)- 1].strip()
        elif attr.startswith('片  长'):
            movie['filmlength'] = attr[len('片  长'):len(attr)- 1].strip()
        elif attr.startswith('导  演'):
            movie['director'] = attr[len('导  演'):len(attr)- 1].strip()
        elif attr.startswith('编  剧'):
            movie['screenwriter'] = attr[len('编  剧'):len(attr)- 1].strip()
        elif attr.startswith('主  演'):
```

```
            # movie['leadingactor'] = '、'.join([x.strip()for x in attr[len('主
演')+ 1:].split()]).strip()
            movie['leadingactor'] = attr[len('主 演'):len(attr)- 1].strip()
        elif attr.startswith('标 签'):
            movie['label'] = attr[len('标 签'):len(attr)- 1].strip()
        elif attr.startswith('简 介'):
            movie['desc'] = attr[len('简　介'):len(attr)- 1].split('【')[0].
split('磁力')[0][:-1].strip().replace('\"', '\'')
        elif attr.startswith('获奖情况'):
            movie['awards'] = attr[len('获奖情况'):len(attr)- 1].split('【')[0].
split('磁力')[0][0:-1].strip().replace('\"', '\'')
```

④数据存储管道流。

注意：此学习情景是在本地模拟多台机器操作，所以数据会共存于一个 CSV 文件中，在实际开发中，建议通过远程连接并存储数据于 MySQL、MongoDB 等数据库或分布式文件存储系统。

```
import csv

class DyttMoviePipeline:

    def __init__(self):
        self.file  =  open('dytt_movie.csv',  'w+',  encoding='UTF-8',
newline='')
        self.writer = csv.writer(self.file)
        self.count = 0

    def process_item(self, item, spider):
        self.writer.writerow([item['name'], item['aliasname'], item['year'],
item['producingarea'], item['category'],
                          item['language'], item['captions'],
 item['realsetime'], item['score_imdb'],
                          item['score_douban'], item['format'],
item['dimension'], item['filesize'],
                          item['filmlength'], item['director'],
item['screenwriter'], item['leadingactor'],
                          item['label'], item['desc'], item['awards'],
item['coverimg'],
                          item['href_download'], item['href_info']])

        return item

    def close_spider(self, spider):
        self.file.close()
```

⑤配置管道流。

```
custom_settings = {
    'ITEM_PIPELINES': {
        'scrapy_redis.pipelines.RedisPipeline': 300,
        'Learning_Situation_8.pipelines.DyttMoviePipeline': 300
    }
}
```

6. 运行程序

本次运行过程中,模拟 3 台机器操作,其中 Master 机器执行 dytt8_list_detail,2 台 Slave 机器执行 dytt8_movie_detail。

注意:因为是分布式爬虫,scrapy.spider 会一直等待 Redis 数据写入,所以在未设置关闭条件时,只能强制停止。

具体运行步骤如下:

(1)启动 1 台机器运行 dytt8_list_detail,等待数据源

```
$ scrapy crawl dytt8_list_detail
2021-05-10 10:15:45 [scrapy.utils.log] INFO: Scrapy 2.3.0 started(bot:
Learning_Situation_8)
2021-05-10 10:15:45 [scrapy.utils.log] INFO: Versions: lxml 4.5.2.0, libxml2
2.9.10, cssselect 1.1.0, parsel 1.5.2, w3lib 1.21.0, Twisted 20.3.0, Python
3.8.3(default, Jul 2 2020, 17
:30:36)[MSC v.1916 64 bit(AMD64)], pyOpenSSL 19.1.0(OpenSSL 1.1.1g  21 Apr
2020), cryptography 2.9.2, Platform Windows-10-10.0.19041-SP0
2021-05-10 10:15:45 [scrapy.utils.log] DEBUG: Using reactor: twisted.
internet.selectreactor.SelectReactor
2021-05-10 10:15:45 [scrapy.crawler] INFO: Overridden settings:
{'BOT_NAME': 'Learning_Situation_8',
 'DUPEFILTER_CLASS': 'scrapy_redis.dupefilter.RFPDupeFilter',
 'NEWSPIDER_MODULE': 'Learning_Situation_8.spiders',
 'SCHEDULER': 'scrapy_redis.scheduler.Scheduler',
 'SPIDER_MODULES': ['Learning_Situation_8.spiders']}
2021-05-10 10:15:45 [scrapy.extensions.telnet] INFO: Telnet Password:
67e68be0b9c588fc
2021-05-10 10:15:45 [scrapy.middleware] INFO: Enabled extensions:
['scrapy.extensions.corestats.CoreStats',
 'scrapy.extensions.telnet.TelnetConsole',
 'scrapy.extensions.logstats.LogStats']
2021-05-10 10:15:45 [dytt8_list_detail] INFO: Reading start URLs from redis
key 'dytt8_list_detail:start_urls'(batch size: 16, encoding: utf-8
2021-05-10 10:15:45 [scrapy.middleware] INFO: Enabled downloader
middlewares:
['scrapy.downloadermiddlewares.httpauth.HttpAuthMiddleware',
```

```
  'scrapy.downloadermiddlewares.downloadtimeout.DownloadTimeoutMiddleware',
  'scrapy.downloadermiddlewares.defaultheaders.DefaultHeadersMiddleware',
  'scrapy.downloadermiddlewares.useragent.UserAgentMiddleware',
  'scrapy.downloadermiddlewares.retry.RetryMiddleware',
  'scrapy.downloadermiddlewares.redirect.MetaRefreshMiddleware',
  'scrapy.downloadermiddlewares.httpcompression.HttpCompressionMiddleware',
  'scrapy.downloadermiddlewares.redirect.RedirectMiddleware',
  'scrapy.downloadermiddlewares.cookies.CookiesMiddleware',
  'scrapy.downloadermiddlewares.httpproxy.HttpProxyMiddleware',
  'scrapy.downloadermiddlewares.stats.DownloaderStats']
  2021-05-10 10:15:45 [scrapy.middleware] INFO: Enabled spider middlewares:
  ['scrapy.spidermiddlewares.httperror.HttpErrorMiddleware',
  'scrapy.spidermiddlewares.offsite.OffsiteMiddleware',
  'scrapy.spidermiddlewares.referer.RefererMiddleware',
  'scrapy.spidermiddlewares.urllength.UrlLengthMiddleware',
  'scrapy.spidermiddlewares.depth.DepthMiddleware']
  2021-05-10 10:15:45 [scrapy.middleware] INFO: Enabled item pipelines:
  ['scrapy_redis.pipelines.RedisPipeline']
  2021-05-10 10:15:45 [scrapy.core.engine] INFO: Spider opened
  2021-05-10 10:15:45 [scrapy.extensions.logstats] INFO: Crawled 0 pages(at
0 pages/min), scraped 0 items(at 0 items/min)
  2021-05-10 10:15:45 [scrapy.extensions.telnet] INFO: Telnet console
listening on 127.0.0.1:6023
```

（2）分别启动 2 台机器运行 dytt8_movie_detail，等待数据源

```
$ scrapy crawl dytt8_movie_detail
  2021-05-10 10:17:48 [scrapy.utils.log] INFO: Scrapy 2.3.0 started(bot:
Learning_Situation_8)
  2021-05-10 10:17:48 [scrapy.utils.log] INFO: Versions: lxml 4.5.2.0, libxml2
2.9.10, cssselect 1.1.0, parsel 1.5.2, w3lib 1.21.0, Twisted 20.3.0, Python
3.8.3(default, Jul  2 2020, 17
  :30:36)[MSC v.1916 64 bit(AMD64)], pyOpenSSL 19.1.0(OpenSSL 1.1.1g  21 Apr
2020), cryptography 2.9.2, Platform Windows-10-10.0.19041-SP0
  2021-05-10 10:17:48 [scrapy.utils.log] DEBUG: Using reactor: twisted.
internet.selectreactor.SelectReactor
  2021-05-10 10:17:48 [scrapy.crawler] INFO: Overridden settings:
  {'BOT_NAME': 'Learning_Situation_8',
  'DUPEFILTER_CLASS': 'scrapy_redis.dupefilter.RFPDupeFilter',
  'NEWSPIDER_MODULE': 'Learning_Situation_8.spiders',
  'SCHEDULER': 'scrapy_redis.scheduler.Scheduler',
  'SPIDER_MODULES': ['Learning_Situation_8.spiders']}
  2021-05-10 10:17:48 [scrapy.extensions.telnet] INFO: Telnet Password:
```

```
204a23579ace34b5
    2021-05-10 10:17:48 [scrapy.middleware] INFO: Enabled extensions:
    ['scrapy.extensions.corestats.CoreStats',
     'scrapy.extensions.telnet.TelnetConsole',
     'scrapy.extensions.logstats.LogStats']
    2021-05-10 10:17:48 [dytt8_movie_detail] INFO: Reading start URLs from redis
key 'dytt8_movie_detail:start_urls'(batch size: 16, encoding: utf-8
    2021-05-10 10:17:49 [scrapy.middleware] INFO: Enabled downloader middlewares:
    ['scrapy.downloadermiddlewares.httpauth.HttpAuthMiddleware',
     'scrapy.downloadermiddlewares.downloadtimeout.DownloadTimeoutMiddleware',
     'scrapy.downloadermiddlewares.defaultheaders.DefaultHeadersMiddleware',
     'scrapy.downloadermiddlewares.useragent.UserAgentMiddleware',
     'scrapy.downloadermiddlewares.retry.RetryMiddleware',
     'scrapy.downloadermiddlewares.redirect.MetaRefreshMiddleware',
     'scrapy.downloadermiddlewares.httpcompression.HttpCompressionMiddleware',
     'scrapy.downloadermiddlewares.redirect.RedirectMiddleware',
     'scrapy.downloadermiddlewares.cookies.CookiesMiddleware',
     'scrapy.downloadermiddlewares.httpproxy.HttpProxyMiddleware',
     'scrapy.downloadermiddlewares.stats.DownloaderStats']
    2021-05-10 10:17:49 [scrapy.middleware] INFO: Enabled spider middlewares:
    ['scrapy.spidermiddlewares.httperror.HttpErrorMiddleware',
     'scrapy.spidermiddlewares.offsite.OffsiteMiddleware',
     'scrapy.spidermiddlewares.referer.RefererMiddleware',
     'scrapy.spidermiddlewares.urllength.UrlLengthMiddleware',
     'scrapy.spidermiddlewares.depth.DepthMiddleware']
    2021-05-10 10:17:49 [scrapy.middleware] INFO: Enabled item pipelines:
    ['scrapy_redis.pipelines.RedisPipeline',
     'Learning_Situation_8.pipelines.DyttMoviePipeline']
    2021-05-10 10:17:49 [scrapy.core.engine] INFO: Spider opened
    2021-05-10 10:17:49 [scrapy.extensions.logstats] INFO: Crawled 0 pages(at
0 pages/min), scraped 0 items(at 0 items/min)
    2021-05-10 10:17:49 [scrapy.extensions.telnet] INFO: Telnet console
listening on 127.0.0.1:6024
    2021-05-10 10:18:49 [scrapy.extensions.logstats] INFO: Crawled 0 pages(at
0 pages/min), scraped 0 items(at 0 items/min)
    2021-05-10 10:19:49 [scrapy.extensions.logstats] INFO: Crawled 0 pages(at
0 pages/min), scraped 0 items(at 0 items/min)
```

（3）初始化初识 URLS

构建可执行文件，调用 RedisUtil，推入初始爬虫地址。

initialize_urls.py

```
import RedisUtil


RedisUtil.pushInitalStartUrls()
```

（4）运行 initialize_urls.py

7. 效果截图

此处有 3 台机器的爬虫程序和 Redis 的检测内容，分 4 块展示运行截图，运行效果如图 5-9～图 5-12 所示。

图 5-9　第 1 台机器运行效果截图

```
'year': '2009'}
2021-05-10 10:25:25 [scrapy.core.engine] DEBUG: Crawled (200) <GET https://dytt8.net/html/gndy/dyzz/20091122/23041.html> (referer: None)
2021-05-10 10:25:25 [scrapy.core.engine] DEBUG: Crawled (200) <GET https://dytt8.net/html/gndy/dyzz/20091123/23056.html> (referer: None)
2021-05-10 10:25:25 [scrapy.core.engine] DEBUG: Crawled (200) <GET https://dytt8.net/html/gndy/dyzz/20091123/23048.html> (referer: None)
2021-05-10 10:25:25 [scrapy.core.engine] DEBUG: Crawled (200) <GET https://dytt8.net/html/gndy/dyzz/20091122/23055.html> (referer: None)
2021-05-10 10:25:25 [scrapy.core.engine] DEBUG: Crawled (200) <GET https://dytt8.net/html/gndy/dyzz/20091122/23044.html> (referer: None)
2021-05-10 10:25:25 [scrapy.core.scraper] DEBUG: Scraped from <200 https://dytt8.net/html/gndy/dyzz/20091123/2302e.html>
{'aliasname': '热血高校2/乌鸦高校2/漂撇男子汉2',
 'awards': '',
 'captions': '中字',
 'category': '动作',
 'covering': 'http://i49.tinypic.com/mkzp6d.jpg',
 'desc': ';�గ败芹泽军团的源治，意原之后还会遇上什么强劲对手? ;铃让男子高中，别名"乌鸦校"，这是不良少年的巢穴。在转校生源治意欲称霸铃让，在毕业生片桐军入的帮助下，他结成校内的联盟为"GPS"，与"百兽之王"
...
 'director': '亚利桑德罗·冈萨雷斯·伊纳里多 Alejandro González Iñárritu',
 'filesize': '1CD',
 'filmlength': '141 Mins',
 'format': 'BD-RMVB',
 'href_download': 'ftp://dygod1:dygod008.dygod.org:1031/英det.[中字.1024分 纳率]/[电影天堂 www.dy2018.com]美det BD中字.rmvb',
 'href_info': 'https://dytt8.net/html/gndy/dyzz/20110517/32302.html',
 'Label': '',
 'Language': '西班牙语/普通话语',
 'leadingactor': '哈维尔·巴登 Javier Bardem....Uxbal;布兰卡·波蒂洛 Blanca '
                 'Portillo;鲁本·奥铁罗诺 Rubén Ochandiano;埃德华·费尔南德兹 Eduard '
                 'Fernández;Manolo Solo ....Medico;Félix Cubero '
                 '....Burócrata;Ana Wagener;Albert Grabuleda Capdevila '
                 '....Mosso d'Esquadra Antidisturbio;Raul Moya Juarez '
                 '....Peaton;Violeta Pérez;乌利多·阿尔瓦雷兹 Maricel Álvarez;Jesus '
                 '....Peaton;马蒂娜·加西亚 Martina Garcia;卡拉·埃富贾德 Karra '
                 'Elejald e;Tomás del Estal;Isaac Alcayde;Hanaa Bouchaib '
                 '....Maramba;Guillermo Estrella ....Mateo;Cheikh Ndiaye '
                 '....Ekweme;Diaryatou Daff ....Ige;Cheng Tai Shen ....Hai (as '
                 '(uncredited);William Ryan Watson\xa0\xa0....Bully #3 '
                 '(uncredited);Rachel Woods\xa0\xa0....Extra '
                 '(uncredited);Amelia Young\xa0\xa0....Bus Girl '
                 '(uncredited);Dominick 'Dino' Howard\xa0\xa0....Pitts' Friend",
 'name': 'Stoker',
 'producingarea': '',
 'realsetime': '',
 'score_douban': '',
 'score_imdb': '',
 'screenwriter': '',
 'year': '2013'}
2021-05-10 10:25:32 [scrapy.statscollectors] INFO: Dumping Scrapy stats:
{'downloader/request_bytes': 140980,
 'downloader/request_count': 576,
 'downloader/request_method_count/GET': 576,
 'downloader/response_bytes': 2169803,
 'downloader/response_count': 576,
 'downloader/response_status_count/200': 283,
```

图 5-10　第 2 台机器运行效果截图

```
2021-05-10 10:25:28 [scrapy.downloadermiddlewares.redirect] DEBUG: Redirecting (301) to <GET https://dytt8.net/html/gndy/dyzz/20120509/37621.html> from <GET http://dytt8.net/html/gndy/dyzz/20120509/37621.html>
2021-05-10 10:25:28 [scrapy.downloadermiddlewares.redirect] DEBUG: Redirecting (301) to <GET https://dytt8.net/html/gndy/dyzz/20120510/37634.html> from <GET http://dytt8.net/html/gndy/dyzz/20120510/37634.html>
2021-05-10 10:25:28 [scrapy.downloadermiddlewares.redirect] DEBUG: Redirecting (301) to <GET https://dytt8.net/html/gndy/dyzz/20120511/37652.html> from <GET http://dytt8.net/html/gndy/dyzz/20120511/37652.html>
2021-05-10 10:25:28 [scrapy.downloadermiddlewares.redirect] DEBUG: Redirecting (301) to <GET https://dytt8.net/html/gndy/dyzz/20120512/37635.html> from <GET http://dytt8.net/html/gndy/dyzz/20120512/37635.html>
2021-05-10 10:25:28 [scrapy.downloadermiddlewares.redirect] DEBUG: Redirecting (301) to <GET https://dytt8.net/html/gndy/dyzz/20120512/37659.html> from <GET http://dytt8.net/html/gndy/dyzz/20120512/37659.html>
2021-05-10 10:25:28 [scrapy.core.engine] DEBUG: Crawled (200) <GET https://dytt8.net/html/gndy/dyzz/20120505/37559.html> (referer: None)
2021-05-10 10:25:28 [scrapy.core.engine] DEBUG: Crawled (200) <GET https://dytt8.net/html/gndy/dyzz/20120506/37560.html> (referer: None)
2021-05-10 10:25:28 [scrapy.core.engine] DEBUG: Crawled (200) <GET https://dytt8.net/html/gndy/dyzz/20120506/37582.html> (referer: None)
2021-05-10 10:25:28 [scrapy.core.engine] DEBUG: Crawled (200) <GET https://dytt8.net/html/gndy/dyzz/20120508/37606.html> (referer: None)
2021-05-10 10:25:28 [scrapy.core.engine] DEBUG: Crawled (200) <GET https://dytt8.net/html/gndy/dyzz/20120506/37548.html> (referer: None)
2021-05-10 10:25:28 [scrapy.core.engine] DEBUG: Crawled (200) <GET https://dytt8.net/html/gndy/dyzz/20120506/37583.html> (referer: None)
2021-05-10 10:25:28 [scrapy.core.engine] DEBUG: Crawled (200) <GET https://dytt8.net/html/gndy/dyzz/20120507/37594.html> (referer: None)
2021-05-10 10:25:28 [scrapy.core.engine] DEBUG: Crawled (200) <GET https://dytt8.net/html/gndy/dyzz/20120506/37583.html> (referer: None)
2021-05-10 10:25:28 [scrapy.core.engine] DEBUG: Crawled (200) <GET https://dytt8.net/html/gndy/dyzz/20120506/37584.html> (referer: None)
2021-05-10 10:25:28 [scrapy.core.engine] DEBUG: Crawled (200) <GET https://dytt8.net/html/gndy/dyzz/20120507/37594.html> (referer: None)
2021-05-10 10:25:28 [scrapy.core.scraper] DEBUG: Scraped from <200 https://dytt8.net/html/gndy/dyzz/20120505/37559.html>
{'aliasname': '人狼大战/邪到遗杀(台)/人狼战',
 'awards': '',
 'captions': '中英双字幕',
 'category': '剧情/动作/惊悚/冒险',
 'covering': 'http://hdread.org/bitbucket/month_1205/201205041947569737442.jpg',
 'desc': ';这部冒险类的野外生存片，讲述了一队石油钻井工人遭遇一次飞机失事，他们必须面对冰冷的极端环境以及一群凶残狼的追杀——他们必须拼搏求生。;跑滴动动，世界经济失序，美国派出石油钻井队，旅游地球上最后仅存的石油资源，我不知在执行服务业中，但素的飞机却因恶劣的气候加温临坠机。九死一生的明斯角...
...
 'dimension': '1280 x 720',
 'director': '德里克·斯安弗朗斯 Derek Cianfrance',
 'filesize': '1CD',
 'filmlength': '2h 20mn',
 'format': 'BD-RMVB',
 'href_download': 'ftp://dygod1:dygod1@d879.dygod.org:9091/[电影天堂 www.dy2018.net]松林外.BD.720p.中英双字幕.rmvb',
 'href_info': 'https://dytt8.net/html/gndy/dyzz/20130703/42547.html',
 'Label': '',
 'Language': '英语/西班牙语',
 'leadingactor': '瑞恩·高斯林 Ryan Gosling ....Luke;布莱德利·库珀 Bradley Cooper '
                 '....Avery;伊娃·门德斯 Eva Mendes ....Romina;本·门德尔森 Ben Mendelsohn '
                 '....Robin;罗丝·拜恩 Rose Byrne ....Jennifer;艾莫里·科恩 Emory Cohen '
                 '....AJ;戴恩·德哈恩 Dane DeHaan ....Jason;雷·利奥塔 Ray Liotta '
                 '....DeLuca;布鲁斯·格林伍德 Bruce Greenwood ....Bill '
                 'Killcullen;Craig Van Hook ....Jack;Olga Merediz '
```

图 5-11　第 3 台机器运行效果截图

```
127.0.0.1:6379> keys *
(empty list or set)
127.0.0.1:6379> keys *
(empty list or set)
127.0.0.1:6379> keys *
1) "dytt8_movie_detail:start_urls"
2) "dytt8_list_detail:start_urls"
127.0.0.1:6379> keys *
1) "dytt8_movie_detail:start_urls"
2) "dytt8_movie_detail:items"
3) "dytt8_list_detail:start_urls"
127.0.0.1:6379> keys *
1) "dytt8_movie_detail:start_urls"
2) "dytt8_movie_detail:items"
3) "dytt8_list_detail:requests"
4) "dytt8_list_detail:start_urls"
127.0.0.1:6379> keys *
1) "dytt8_movie_detail:start_urls"
```

```
127.0.0.1:6379> llen dytt8_list_detail:start_urls
(integer) 0
127.0.0.1:6379> llen dytt8_list_detail:start_urls
(integer) 721
127.0.0.1:6379> llen dytt8_list_detail:start_urls
(integer) 705
127.0.0.1:6379> llen dytt8_list_detail:start_urls
(integer) 689
127.0.0.1:6379> llen dytt8_list_detail:start_urls
(integer) 673
127.0.0.1:6379> llen dytt8_list_detail:start_urls
(integer) 113
127.0.0.1:6379>
```

```
127.0.0.1:6379> llen dytt8_movie_detail:start_urls
(integer) 0
127.0.0.1:6379> llen dytt8_movie_detail:start_urls
(integer) 6112
127.0.0.1:6379> llen dytt8_movie_detail:start_urls
(integer) 6309
127.0.0.1:6379> llen dytt8_movie_detail:start_urls
(integer) 6632
127.0.0.1:6379> llen dytt8_movie_detail:start_urls
(integer) 7000
127.0.0.1:6379> llen dytt8_movie_detail:start_urls
(integer) 7357
127.0.0.1:6379>  llen dytt8_movie_detail:start_urls
(integer) 17600
127.0.0.1:6379>
```

图 5-12　Redis 数据监测截图

程序运行结束，得到数据文档"dytt_movie.csv"，其效果如图 5-13 所示。

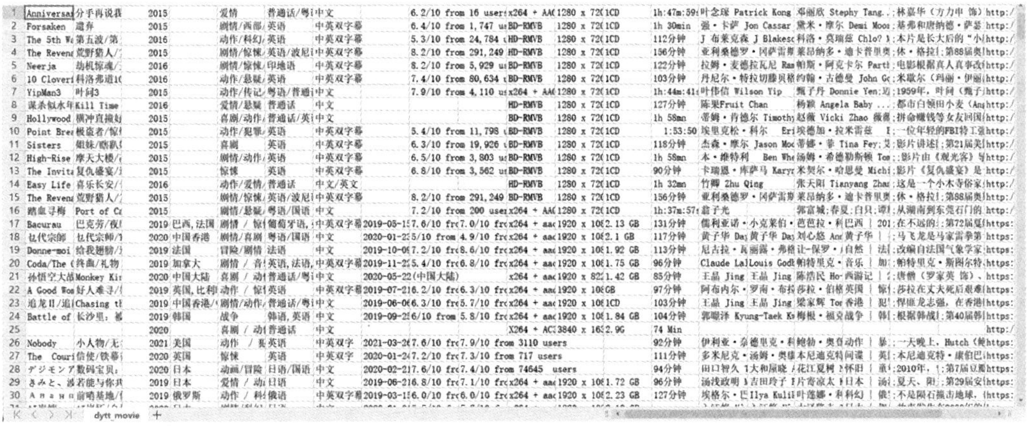

图 5-13　dytt_movie.csv

工作实施

按照制订的最佳方案进行项目开发，填充相应的工作流程内容。

评价反馈

各自完成学习情境的开发并展示作品，介绍任务的完成过程，作品展示前应准备阐述材料，并完成评价。

1. 学生进行自我评价（见表 5-8）。

表 5-8　学生自评表

班级：　　　　　　　　姓名：　　　　　　　　学号：

学习情境	Scrapy+Redis 分布式爬取电影数据		
评价项目	评价标准	分值	得分
分布式环境管理	能正确、熟练配置使用分布式环境管理开发	15	
解读网页结构	能正确、熟练使用网页工具解读网页结构	10	
方案制作	能根据技术能力快速、准确地制订工作方案	10	
采集网页源代码	能根据方案正确、熟练地采集网页源数据	15	
解析网页数据	能根据方案正确、熟练地解析网页数据	15	
数据存储操作	能根据方案正确、熟练地存储采集到的数据	10	
项目开发能力	根据项目开发进度及应用状态评价开发能力	10	
工作质量	根据项目开发过程及成果评定工作质量	15	
合计		100	

2. 教师对学生工作过程和工作结果进行评价（见表 5-9）。

表 5-9　教师综合评价表

班级：　　　　　　　　姓名：　　　　　　　　学号：

学习情境		Scrapy+Redis 分布式爬取电影数据		
评价项目		评价标准	分值	得分
考勤（20%）		无无故迟到、早退、旷课现象	20	
工作过程（50%）	环境管理	能正确、熟练配置使用分布式开发环境	10	
	方案制作	能根据技术能力快速、准确地制订工作方案	5	
	数据采集	能根据方案正确、熟练地采集网页源数据	10	
	数据解析	能根据方案正确、熟练地解析网页数据	10	
	数据存储	能根据方案正确、熟练地存储采集到的数据	5	
	工作态度	态度端正，工作认真、主动	5	
	职业素质	能做到安全、文明、合法，爱护环境	5	
项目成果（30%）	工作完整	能按时完成任务	5	
	工作质量	能按计划完成工作任务	15	
	识读报告	能正确识读并准备成果展示各项报告材料	5	
	成果展示	能准确表达、汇报工作成果	5	
合计			100	

拓展思考

1. Scrapy-Redis 分布式爬虫和普通 Scrapy 网络爬虫有什么区别？
2. 如何部署 Scrapy-Redis 分布式爬虫？
3. 除了本单元介绍的方式，还可以使用哪些方式优化爬虫策略？

附录 A 《Python 网络爬虫》1+X 对照表

序号	教材中的知识点	数据采集职业技能等级要求（高级）	Python 程序开发职业技能等级要求（初级、中级）	人工智能数据处理职业技能等级要求（初级）	人工智能语音应用开发职业技能等级要求（初级）
1	Python 库环境管理		1.1.1 正确搭建 Python 开发环境 1.1.2 使用 PyCharm 等集成开发工具创建项目 1.1.3 配置 PyCharm 虚拟环境 1.1.4 使用 PyCharm 等集成开发工具编写项目源代码和运行	1.1.1 能够在 Windows、Linux 系统上安装 Python 以及人工智能常用集成软件（Spyder、PyCharm、Anaconda 等），并且能够使用 conda 或 pip 包管理工具，在命令行配置和管理需要的 Python 库 1.1.2 能够完成相应软件编译环境的配置，能够在脚本和控制台两种模式下编译程序 1.2.1 能够按需求在互联网中搜索并下载公开数据集	1.1.1 能够搭建 Python 基本运行环境，能够熟悉 Python 脚本和控制台两种模式 1.1.2 使用 conda 或 pip 包管理工具，能够在命令行配置和管理需要的 Python 库
2	Requests 获取源数据	3.1.1 严格遵守国家《数据安全管理办法》及相关法律法规 3.1.2 能够在合法的情况下进行互联网应用数据采集 3.1.3 掌握并能够参考关于互联网数据采集的国家标准，确保数据采集过程合规 3.1.4 熟悉行业内的技术标准和规范，能够准确提取互联网应用的数据信息 3.2.1 熟悉互联网应用的各种类型（网页型、移动端应用等），了解主流的访问终端（浏览器、移动终端等）。对互联网应用的常用开发语言、技术框架有深入的理解 3.2.2 熟悉不同类型互联网应用（网页、移动端应用等）的数据动态、静态的产生和表现形式。理解互联网应用的网络数据发生的全过程，通过网络准确获取并解析互联网应用的数据 3.2.3 能够使用工具或编写程序从外部捕捉网站、移动端应用等互联网系统的动态和静态数据，并进行数据抽取 3.2.5 采集客户端的运行对宿主系统的性能影响占比应低于 0.1%	1.2.1 根据命名规范对文件和代码命名 1.2.5 定义函数并调用 3.2.1 制定爬虫业务逻辑 3.2.3 使用 Requests 爬取静态页面内容 3.2.4 配置 urllib 和 Requests 参数	1.1.5 能够使用 Python 条件控制和循环控制实现逻辑处理功能 1.1.6 能够使用 Python 模块调用和自定义的方法实现模块化设计 1.2.1 能够按需求在互联网中搜索并下载公开数据集 1.2.3 能够遵守网络爬虫相应的法律规则，使用爬虫技术实现文本数据、图片、音频和视频的爬取 1.2.5 能够通过模拟登录的方式爬取需要登录才能访问的页面数据，能够爬取 Ajax 技术传输的网站数据	1.1.3 能够使用 Python 条件控制和循环控制实现逻辑处理功能 1.1.4 能够使用 Python 模块调用和自定义模块的方法实现模块化的设计形式

（续表）

序号	教材中的知识点	数据采集职业技能等级要求（高级）	Python 程序开发职业技能等级要求（初级、中级）	人工智能数据处理职业技能等级要求（初级）	人工智能语音应用开发职业技能等级要求（初级）
3	BeautifulSoup4数据解析	3.2.2 熟悉不同类型互联网应用（网页、移动端应用等）的数据动态、静态的产生和表现形式。理解互联网应用的网络数据发生的全过程，通过网络准确获取并解析互联网应用的数据 3.3.1 能够根据网页、移动端应用等各种应用的数据类型，编写数据验证规则，进行数据的合法性验证 3.3.2 具备脏数据的剔除能力，准确清除无效数据 3.3.3 熟练掌握数据拆分规则，能够完成数据分解。能够对网站等互联网应用的静态、动态数据进行准确拆解	1.2.3 掌握循环和分支等语句结构 1.2.4 掌握 Python 数据结构的常用操作 3.1.2 使用 BeautifulSoup4 对页面结构分析，确定页面标签构成 3.1.4 使用开发者工具进行页面调试	1.1.3 能够对基本的数据类型，例如字符串、整型、浮点型、布尔类型等，完成数据生成和类型转换等操作 1.1.4 能够对基本数据结构，例如列表、元组、字典、字符串等，完成增删改查、数据存储等操作 1.1.5 能够使用 Python 条件控制和循环控制实现逻辑处理功能 1.2.2 能够熟悉 HTML 原理和 HTML 结构 1.2.4 能够使用正则表达式、XPath、BeautifulSoup 完成 HTML 文本解析	1.1.3 能够使用 Python 条件控制和循环控制实现逻辑处理功能
4	CSV 数据存储	3.3.5 对拆分的字段要有完整的文档进行描述，保证拆分后的数据属性都有明确的意义和目的 3.4.3 掌握各类文件存储格式，并能将数据保存成不同类型文件	1.3.3 够进行文件相关操作 3.3.1 使用 TXT、JSON、CSV、Excel 存储爬取的数据		1.1.2 能够使用 Python 列表、元组、字典、字符串等基本数据结构实现数据的存储及其他操作
5	Mechanize 模拟浏览器	3.2.1 熟悉互联网应用的各种类型（网页型、移动端应用等），了解主流的访问终端（浏览器、移动终端等）。对互联网应用的常用开发语言、技术框架有深入的理解	3.1.1 安装和配置浏览器驱动程序。（中级）		
6	Mechanize 网络交互	3.2.1 熟悉互联网应用的各种类型（网页型、移动端应用等），了解主流的访问终端（浏览器、移动终端等）。对互联网应用的常用开发语言、技术框架有深入的理解 3.2.2 熟悉不同类型互联网应用（网页、移动端应用等）的数据动态、静态的产生和表现形式。理解互联网应用的网络数据发生的全过程，通过网络准确获取并解析互联网应用的数据 3.2.3 能够使用工具或编写程序从外部捕捉网站、移动端应用等互联网系统的动态和静态数据，并进行数据抽取 3.3.4 掌握互联网应用的特征内容，能够对应用数据和交互数据进行提取。对互联网应用的交互数据的成功拆解率应能达到 90%		1.2.1 能够按需求在互联网中搜索并下载公开数据集 1.2.3 能够遵守网络爬虫相应的法律规则，使用爬虫技术实现文本数据、图片、音频和视频的爬取 1.2.5 能够通过模拟登录的方式爬取需要登录才能访问的页面数据，能够爬取 Ajax 技术传输的网站数据	

（续表）

序号	教材中的知识点	数据采集职业技能等级要求（高级）	Python 程序开发职业技能等级要求（初级、中级）	人工智能数据处理职业技能等级要求（初级）	人工智能语音应用开发职业技能等级要求（初级）
7	Scrapy 网络请求	3.1.1 严格遵守国家《数据安全管理办法》及相关法律法规 3.1.2 能够在合法的情况下进行互联网应用数据采集 3.1.3 掌握并能够参考关于互联网数据采集的国家标准，确保数据采集过程合规 3.1.4 熟悉行业内的技术标准和规范，能够准确提取互联网应用的数据信息 3.2.1 熟悉互联网应用的各种类型（网页型、移动端应用等），了解主流的访问终端（浏览器、移动终端等）。对互联网应用的常用开发语言、技术框架有深入的理解 3.2.2 熟悉不同类型互联网应用（网页、移动端应用等）的数据动态、静态的产生和表现形式。理解互联网应用的网络数据发生的全过程，通过网络准确获取并解析互联网应用的数据 3.2.3 能够使用工具或编写程序从外部捕捉网站、移动端应用等互联网系统的动态和静态数据，并进行数据抽取 3.2.5 采集客户端的运行对宿主系统的性能影响占比应低于0.1%	3.2.1 制定反爬策略和爬虫监控，保证爬虫稳定高效运行。（中级） 3.2.2 配置 Scrapy 框架。（中级） 3.2.3 使用 Scrapy 完成多线程爬虫，为大数据采集做准备。（中级） 3.2.4 使用 Scrapy 框架完成数据的批量下载操作。（中级）	1.1.5 能够使用 Python 条件控制和循环控制实现逻辑处理功能 1.1.6 能够使用 Python 模块调用和自定义的方法实现模块化设计 1.2.1 能够按需求在互联网中搜索并下载公开数据集 1.2.3 能够遵守网络爬虫相应的法律规则，使用爬虫技术实现文本数据、图片、音频和视频的爬取 1.2.5 能够通过模拟登录的方式爬取需要登录才能访问的页面数据，能够爬取 Ajax 技术传输的网站数据	1.1.3 能够使用 Python 条件控制和循环控制实现逻辑处理功能 1.1.4 能够使用 Python 模块调用和自定义模块的方法实现模块化的设计形式
8	XPath 文档解析	3.2.2 熟悉不同类型互联网应用（网页、移动端应用等）的数据动态、静态的产生和表现形式。理解互联网应用的网络数据发生的全过程，通过网络准确获取并解析互联网应用的数据 3.3.1 能够根据网页、移动端应用等各种应用的数据类型，编写数据验证规则，进行数据的合法性验证 3.3.2 具备脏数据的剔除能力，准确清除无效数据 3.3.3 熟练掌握数据拆分规则，能够完成数据分解。能够对网站等互联网应用的静态、动态数据进行准确拆解	3.1.1 使用 XPath 对页面结构分析，确定页面标签构成 3.1.4 使用开发者工具进行页面调试	1.1.3 能够对基本的数据类型，例如字符串、整型、浮点型、布尔类型等，完成数据生成和类型转换等操作 1.1.4 能够对基本数据结构，例如列表、元组、字典、字符串等，完成增删改查、数据存储等操作 1.2.2 能够熟悉 HTML 原理和 HTML 结构 1.2.4 能够使用正则表达式、XPath、BeautifulSoup 完成 HTML 文本解析	1.1.3 能够使用 Python 条件控制和循环控制实现逻辑处理功能
9	MySQL 数据库操作	3.4.1 掌握数据模型关系设计能力，具备数据表结构的规划和设计能力 3.4.2 掌握各种数据结构，根据互联网应用数据的特点合理选择适当的数据结构	1.1.1 安装、配置关系型数据库和非关系型数据库。（中级） 1.2.1 规范设计数据库。（中级） 1.2.2 运用 SQL 语句进行数据库增删改查操作。（中级）	1.2.6 能够将数据持久化到MongoDB、Redis 和 MySQL等数据库中 1.3.1 能够完成常用的数据库以及数据管理工具的安装配置 1.3.2 能够使用基本的数据库语言完成数据的删除和存储	

（续表）

序号	教材中的知识点	数据采集职业技能等级要求（高级）	Python 程序开发职业技能等级要求（初级、中级）	人工智能数据处理职业技能等级要求（初级）	人工智能语音应用开发职业技能等级要求（初级）
10	PyMySQL 数据存储	3.3.5 对拆分的字段要有完整的文档进行描述，保证拆分后的数据属性都有明确的意义和目的 3.4.4 具备将清理的中间数据存储到目标数据库的能力，并且能够保证存储数据的完整性 3.4.5 掌握关系型数据库，将采集到的数据合理地存入数据库	1.2.2 运用 SQL 语句进行数据库增删改查操作。（中级） 3.3.3 够将爬取的数据存储在 MySQL、MongoDB 中。（中级）	1.2.6 能够将数据持久化到 MongoDB、Redis 和 MySQL 等数据库中 1.3.3 能够将 Python 等编译工具与数据库连接，完成数据存储 1.3.4 能够对获取的外部数据在数据库中存储 1.3.5 能够使用数据存储工具，实现结构化数据、半结构化数据、非结构化数据的存储	1.1.2 能够使用 Python 列表、元组、字典、字符串等基本数据结构实现数据的存储及其他操作
11	JSON 数据解析	3.2.2 熟悉不同类型互联网应用（网页、移动端应用等）的数据动态、静态的产生和表现形式。理解互联网应用的网络数据发生的全过程，通过网络准确获取并解析互联网应用的数据 3.3.1 能够根据网页、移动端应用等各种应用的数据类型，编写数据验证规则，进行数据的合法性验证 3.3.3 熟练掌握数据拆分规则，能够完成数据分解。能够对网站等互联网应用的静态、动态数据进行准确拆解 3.3.4 掌握互联网应用的特征内容，能够对应用数据和交互数据进行提取。对互联网应用的交互数据的成功拆解率应能达到90% 3.4.3 掌握各类文件存储格式，并能将数据保存成不同类型文件	3.1.4 使用开发者工具进行页面调试 3.3.2 解析 JSON 数据	1.1.3 能够对基本的数据类型，例如字符串、整型、浮点型、布尔类型等，完成数据生成和类型转换等操作，例如列表、元组、字典、字符串等，完成增删改查、数据存储等操作 1.1.4 能够对基本数据结构， 1.1.5 能够使用 Python 条件控制和循环控制实现逻辑处理功能	1.1.3 能够使用 Python 条件控制和循环控制实现逻辑处理功能
12	PhantomJS 无界面浏览器			1.2.3 能够遵守网络爬虫相应的法律规则，使用爬虫技术实现文本数据、图片、音频和视频的爬取	
13	Selenium 自动化操作	3.2.1 熟悉互联网应用的各种类型（网页型、移动端应用等），了解主流的访问终端（浏览器、移动终端等）。对互联网应用的常用开发语言、技术框架有深入的理解 3.2.2 熟悉不同类型互联网应用（网页、移动端应用等）的数据动态、静态的产生和表现形式。理解互联网应用的网络数据发生的全过程，通过网络准确获取并解析互联网应用的数据 3.2.3 能够使用工具或编写程序从外部捕捉网站、移动端应用等互联网系统的动态和静态数据，并进行数据抽取 3.3.4 掌握互联网应用的特征内容，能够对应用数据和交互数据进行提取。对互联网应用的交互数据的成功拆解率应能达到90%	3.1.1 安装和配置浏览器驱动程序。（中级） 3.1.2 安装和配置 Selenium 框架。（中级） 3.1.3 使用 Selenium 模拟用户操作，抓取动态文字和图片。（中级） 4.1.1 使用 Selenium、WebDriver 自动化测试工具。（中级）	1.2.1 能够按需求在互联网中搜索并下载公开数据集。 1.2.3 能够遵守网络爬虫相应的法律规则，使用爬虫技术实现文本数据、图片、音频和视频的爬取 1.2.5 能够通过模拟登录的方式爬取需要登录才能访问的页面数据，能够爬取 Ajax 技术传输的网站数据	

（续表）

序号	教材中的知识点	数据采集职业技能等级要求（高级）	Python 程序开发职业技能等级要求（初级、中级）	人工智能数据处理职业技能等级要求（初级）	人工智能语音应用开发职业技能等级要求（初级）
14	threading 多线程				
15	Pillow 图片处理		3.1.3 使用 Selenium 模拟用户操作，抓取动态文字和图片。（中级）		
16	Fiddler 网络监控	3.2.1 熟悉互联网应用的各种类型(网页型、移动端应用等)，了解主流的访问终端(浏览器、移动终端等)。对互联网应用的常用开发语言、技术框架有深入的理解			
17	Android 模拟器				
18	APP 应用接口数据分析	3.2.1 熟悉互联网应用的各种类型(网页型、移动端应用等)，了解主流的访问终端(浏览器、移动终端等)。对互联网应用的常用开发语言、技术框架有深入的理解			
19	反爬虫策略之 Headers	3.1.3 掌握并能够参考关于互联网数据采集的国家标准，确保数据采集过程合规 3.1.4 熟悉行业内的技术标准和规范，能够准确提取互联网应用的数据信息	3.1.4 使用开发者工具进行页面调试 3.2.1 制定反爬虫策略和爬虫监控，保证爬虫稳定高效运行。（中级）	1.2.3 能够遵守网络爬虫相应的法律规则，使用爬虫技术实现文本数据、图片、音频和视频的爬取	
20	反爬虫策略之 Cookies	3.1.3 掌握并能够参考关于互联网数据采集的国家标准，确保数据采集过程合规 3.1.4 熟悉行业内的技术标准和规范，能够准确提取互联网应用的数据信息	3.1.4 使用开发者工具进行页面调试 3.2.1 制定反爬虫策略，进行和爬虫监控，保证爬虫稳定高效运行。（中级）	1.2.3 能够遵守网络爬虫相应的法律规则，使用爬虫技术实现文本数据、图片、音频和视频的爬取	
21	反爬虫策略之 Proxies	3.1.3 掌握并能够参考关于互联网数据采集的国家标准，确保数据采集过程合规 3.1.4 熟悉行业内的技术标准和规范，能够准确提取互联网应用的数据信息	3.2.1 制定反爬虫策略，进行爬虫监控，保证爬虫稳定高效运行。（中级）	1.2.3 能够遵守网络爬虫相应的法律规则，使用爬虫技术实现文本数据、图片、音频和视频的爬取	
22	Tesseract 图像识别		3.1.4 识别网站不同类型的验证码。（中级）		
23	Pytesseract 图像识别		3.1.4 识别网站不同类型的验证码。（中级）		
24	Redis 数据存储	3.3.5 对拆分的字段要有完整的文档进行描述，保证拆分后的数据属性都有明确的意义和目的 3.4.6 具备非关系型数据库的使用能力，能够将采集到的海量数据存入非关系型数据库	1.1.1 安装、配置关系型数据库和非关系型数据库。（中级） 1.3.1 规范设计数据库。（中级）	1.2.6 能够将数据持久化到 MongoDB、Redis 和 MySQL 等数据库中 1.3.1 能够完成常用的数据库以及数据管理工具的安装配置 1.3.2 能够使用基本的数据库语言完成数据的删除和存储 1.3.3 能够将 Python 等编译工具与数据库连接，完成数据存储 1.3.4 能够将获取的外部数据在数据库中存储 1.3.5 能够使用数据存储工具，实现结构化数据、半结构化数据、非结构化数据的存储	

序号	教材中的知识点	数据采集职业技能等级要求（高级）	Python 程序开发职业技能等级要求（初级、中级）	人工智能数据处理职业技能等级要求（初级）	人工智能语音应用开发职业技能等级要求（初级）
25	RedisSpider 分布式网络请求	3.2.1 熟悉互联网应用的各种类型（网页型、移动端应用等），了解主流的访问终端（浏览器、移动终端等）。对互联网应用的常用开发语言、技术框架有深入的理解 3.2.2 熟悉不同类型互联网应用（网页、移动端应用等）的数据动态、静态的产生和表现形式。理解互联网应用的网络数据发生的全过程，通过网络准确获取并解析互联网应用的数据	3.3.1 搭建分布式爬虫集群。（中级） 3.3.2 抓取和分析多平台大量信息。（中级） 3.3.3 够将爬取的数据存储在 MySQL、MongoDB 中。（中级） 3.3.4 抽取、清洗、消重网页。（中级）	1.2.1 能够按需求在互联网中搜索并下载公开数据集 1.2.3 能够遵守网络爬虫相应的法律规则，使用爬虫技术实现文本数据、图片、音频和视频的爬取	